中国国家地理
CHINESE NATIONAL GEOGRAPHY

天 地 之 美　　阅 然 纸 上

地球探索史话

A HISTORY OF EARTH EXPLORATION

叶山 著

湖南科学技术出版社·长沙

图书在版编目（CIP）数据

地球探索史话 / 叶山著. -- 长沙：湖南科学技术出版社, 2025.8. -- ISBN 978-7-5710-3596-9

Ⅰ. P183-49

中国国家版本馆CIP数据核字第2025M6729R号

DIQIU TANSUO SHIHUA
地球探索史话

| 著　　者：叶　山 |
| 出版人：潘晓山 |
| 总策划：陈沂欢 |
| 策划编辑：董佳佳　邢晓琳 |
| 责任编辑：李文瑶　梁　蕾 |
| 特约编辑：张　悦 |
| 图片编辑：贾亦真 |
| 地图编辑：程　远 |
| 责任美编：彭怡轩 |
| 营销编辑：王思宇　魏慧捷 |
| 装帧设计：李　川 |
| 特约印制：焦文献 |
| 制　　版：北京美光设计制版有限公司 |
| 出版发行：湖南科学技术出版社 |
| 地　　址：长沙市开福区泊富国际金融中心40楼 |
| 网　　址：http://www.hnstp.com |
| 湖南科学技术出版社天猫旗舰店网址： |
| 　　　　　http://hnkjcbs.tmall.com |
| 邮购联系：本社直销科 0731-84375808 |
| 印　　刷：北京华联印刷有限公司 |
| 版　　次：2025年8月第1版 |
| 印　　次：2025年8月第1次印刷 |
| 开　　本：889 mm×1194 mm 1/32 |
| 印　　张：10 |
| 字　　数：211千字 |
| 审 图 号：GS京（2025）0430号 |
| 书　　号：ISBN 978-7-5710-3596-9 |
| 定　　价：68.00元 |

（版权所有·翻印必究）

CONTENTS 目 录

推荐序 　　　　　　　　　　　　　　　　　　VII
自序　　　　　　　　　　　　　　　　　　　　X

PART 1　第一章
资源与征战：塑造人类文明的学科　　　001

1. 探索，为了更好地生存　　　　　　　　003
2. "黑"历史：石油的发现与工业时代　　　012
3. 战争中的地质学　　　　　　　　　　　026

PART 2　第二章
大地之怒：揭露地震与火山的真相　　　043

4. 地震学：从废墟中崛起　　　　　　　　045
5. 火山与文明：从罗马帝国到殖民时代　　058
6. 当岩浆冷却时　　　　　　　　　　　　072

PART 3　第三章
化石传奇：演化、灭绝与重生　　　　　089

7. 古生物学的探索　　　　　　　　　　　091
8. 最后一个无所不知的人　　　　　　　　110
9. 长满羽毛的中国恐龙　　　　　　　　　133

PART 4　第四章
演化与构造：时间深处的沧海桑田　　　145

CONTENTS 目 录

10. 地球的年龄是多少？　　　　　　　　　147
11. 山为什么在那里？　　　　　　　　　　162

PART 5 第五章
开拓者们：探寻未知的自然遗迹　　　185

12. 伟大的滞销书作家　　　　　　　　　　187
13. 地质学家的朋友圈　　　　　　　　　　195
14. 无畏的女性：玛丽·撒普　　　　　　　217
15. 荒野探险家和国家公园　　　　　　　　225

PART 6 第六章
科学新边疆：破解大气和海洋的密码　　243

16. 海洋高速公路：洋流、信风与新航线　　245
17. 气候变化的推手：米兰科维奇旋回　　　269
18. 地球的体温计　　　　　　　　　　　　279

后记：地球的故事，未完待续　　　　　290

附录1：地质年代表　　　　　　　　　　　300
附录2：地球科学大事年表　　　　　　　　302
附录3：参考资料　　　　　　　　　　　　305
附录4：科学家及其著作中外文对照表　　　306

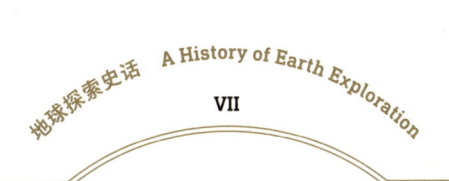

推荐序

地球科学是以地球物质组成、内部结构、外部特征、各圈层的相互作用及其演变历史为研究对象的基础学科，同时负有解决人类社会可持续发展面临的能源、资源、环境、地质灾害等问题的重任。

在人类社会中，资源开采、能源勘探、河流治理、环境保护、气候变化，乃至城市发展与交通规划，这些地球科学的研究内容与人类的经济社会发展和日常生活息息相关。作为基础学科，地球科学恰似开启地球奥秘宝库的钥匙，不仅揭示地球过往，更启迪我们思考地球的未来。

普及地球科学知识，让更多人领略其魅力，意义非凡。近年来，地球科学科普主题的内容引起了公众关注，尤其在矿物、气候、自然灾害、古生物等领域佳作频出。然而，关于地球科学发展史的科普图书却屈指可数。这犹如欣赏了一座宏伟建筑的辉煌外观，却对其建造过程一无所知，未免令人遗憾。

从地球科学的传承发展来看，正是全球多学科的科学家在地球科学的迷雾中不断探索前行，才成就今日之地球科学。作为博物学分化出来的一门学科，地球科学的起步较晚，现代地质学更是直到19世纪初期才见雏形。但从那时起，莱伊尔、洪堡、维尔纳、阿加西等早期学者，在艰苦的科研环境下，凭借坚韧不拔的毅力，为地球科学发展奠定了坚实的基础。火成论与水成论之争、开尔文提出的地球年龄问题、奥斯特罗姆的"恐龙文艺复兴"，以及从大陆漂移假说到板块构造理论的科学革命，这些当年的探索、如今的轶事如同接力赛，一棒接一棒，展现了地球科学的传承与进步。

从文化认知角度而言，地球科学发展史也是人类文明进步的重要组成部分。每一个科学发现和理论突破都反映了当时社会的文化背景、思维方式和科技水平。例如，玛丽·撒普在海洋地貌领域的成就不仅改变了人类对海底扩张的认知，也打破了当时科学界对女性的偏见，展现了科学探索中的人文精神和文化内涵。这些故事中蕴含着坚持、突破和无数感人至深的瞬间，彰显了科学与人文的交融，帮我们从科学的角度认识人类文化的多样性和广泛性。

正因如此，我尤其希望能有一本关于地球科学发展史的科普书籍与大众见面，为读者打开一扇窗户，去了解我们赖以生存的地球。当我第一次翻阅这本书的书稿时，十分欣喜。这本书以通俗易懂的语言，生动讲述了地球科学发展历程中的重要人物和精彩纷呈的故事。阅读这本书，仿佛跟随科学家一同踏上了地球探索之旅，既能学到丰富的知识，又能感受到地球科学的无穷魅力和科学先驱的风采。

在气候和资源危机日益严峻的今天，读者了解19世纪奠定的

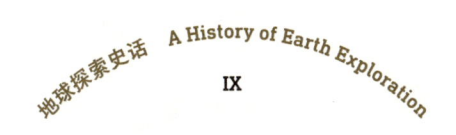

地层学研究模式对当代碳排放测算的影响，20世纪深海钻探对揭示气候变化规律的作用，收获的不仅是知识，更获得了审视科学发展的新视角。书中那些在得克萨斯烈日下辨认储油构造的身影，在太平洋上追踪海水循环的航迹，都诉说着一个道理：地球科学从来不是实验室里的智力游戏，而是关乎人类命运的共同叙事，是文明存续的必修课。

每一代人都要站在前人的知识阶梯上眺望未来。当电视屏幕上的地震预警倒计时能够拯救生命时，别忘了庞巴尔侯爵在里斯本记录的第一批地震数据；当飓风路径预测精度提升0.1%时，别忘了哈德利近300年前构想的大气环流模型；当虚拟现实设备能实时显示三维地质构造时，别忘了从威廉·史密斯手绘地层柱状图开始的数字化征程。我推荐本书，是因为它介绍了这些重要阶梯的铸造过程，让读者明白：我们今日享有的对地球家园的认知，是无数探险家、学者、工程师以智慧和勇气铸就的人类文明基础。

我诚挚地推荐这本书给所有对地球科学感兴趣的朋友，以及希望了解更多地球科学知识的读者。这本书将从人类探索地球历史的角度，引领你走进一个神奇的地球科学世界，让你收获颇丰。

中国地质大学（北京）研究生院
院长、教授、博士生导师
李世林

自序

2018—2022 年期间，我在威斯康星大学麦迪逊分校攻读博士学位，方向为地球科学与计算机的交叉学科。2019 年 5 月，我参加了博士候选人资格考试。考前我的导师告诉我，这个考试没有办法做针对性复习，因为任何与地质学和计算机相关的基础知识都有可能出现在考试中。

果然如导师所说，试题涉及的知识点范围非常广：从恒星内部的核反应式到链表数据结构；从过去 6000 万余年的气温曲线到快速傅里叶变换在图像处理中的作用……每一道题都在考验基础知识的广度。我因为有心理准备，答题还算从容，然而看到最后一题时，还是有些意外——题目要求写出六位地质学家的贡献。考前我猜测了许多可能考查的题目，却忽略了科学史方面的内容。虽然我也阅读历史书籍，但大多局限于政治史和经济史，而对于科学史，我的了解只限于上课时教授"顺带一提"的奇闻轶事。幸好，在看完题目要求的六个名字后，我稍感心安——至少前五位，我都有印象。

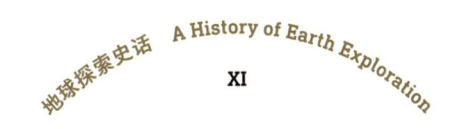

第一位是亚瑟·霍姆斯，他是放射性地质年代学的关键人物，还提出了地幔对流的假说。我曾听任课教授多次提及他的贡献和趣闻，比如他曾在非洲考察时患病失联，被伦敦警方宣布死亡后又奇迹般归来，却发现家产已被瓜分。

第二位是道格拉斯·霍顿。他在五大湖畔发现了大型铜矿，帮助美国摆脱了对欧洲进口铜的依赖，被誉为"美国铜矿之父"。此外，他还协助创办了密歇根大学的地球科学系，那里是我获得本科学位的地方。后来，他谢绝出任底特律市长一职，继续从事野外考察，最终在苏必利尔湖的一场风暴中殉职。

第三位是托马斯·克劳德尔·张柏林，他曾任威斯康星大学的校长，是最早提出"大气中二氧化碳浓度变化会引起气候变化"的地质学家。在卸任校长后，他前往芝加哥大学任教，并于1909年访问中国，在中国拍摄了数百张照片，这些照片成为研究清末历史、城市建筑和民间风俗的珍贵影像资料。

第四位是弗洛伦斯·巴斯科姆，她也毕业于威斯康星大学，是美国历史上第二位获得地质学博士学位的女性，也是美国地质调查局的第一位女性工作人员。1901年，她在布林莫尔学院建立了地质学系，并培养了一批优秀的女地质学家。巴斯科姆的父亲曾任威斯康星大学的校长，正是他率先向女性学生开放教室，学校中的一个小山丘就以他的名字命名。

第五位罗格·汤姆林逊则是地理信息系统领域的奠基人。虽然他的职业生涯更多地与地理信息工程相关，但称他是地质学家也并

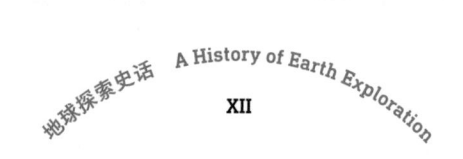

非全无道理，因为他开发的第一代地理信息系统在地质学领域得到了广泛应用。

唯独最后一个名字——罗伯特·基德斯顿，让我毫无头绪，直到考试结束我也没有想起他是谁。虽然并没有影响考试结果，但在考后的当天晚上我忍不住搜索了他的资料。原来他是一位植物学家，研究孢粉——即孢子植物的孢子和种子植物的花粉。他的研究成果为地球科学提供了重要帮助。通过孢粉分析，我们可以推测植物的分布范围和气候环境，从而还原地球历史中的往事，比如10 000多年前的新仙女木降温事件，最初就是因为地层中的仙女木孢粉分布异常现象而被发现的。

这道考题引发了我对科学史的兴趣，或许这也是委员会的出题目的之一吧。许多看似枯燥的专业概念，在其形成和发展过程中，往往蕴含着许多引人入胜的人物和故事。通过对这些人物和故事的了解，我们可以将各个领域的知识串联起来，建立起更完整的知识框架。

自那之后，我开始涉猎地质学史的相关文献，并着手研究地质学界著名学者的学术传承。我的同事们受到我的影响，也开始追溯自身研究领域的学术渊源。他们通过查阅手稿档案以及利用学术谱系数据库（Academic Tree）进行考证，将学术谱系一直追溯至几百年前。例如，我个人的学术传承至少可以追溯至11世纪的一位波斯学者伊本·西那。在此过程中，我逐渐构建起关于地质学的科学关系网络，其中的关键节点都是众人熟知的科学明星，如洪

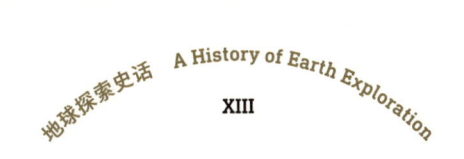

堡、居维叶、达尔文、维尔纳等博物学与地质学领域的先驱，以及伽利略、牛顿、托里拆利、开普勒等其他科学领域的巨擘。他们的合作、扶持与竞争共同推动了科学的发展，也成为人类文明进步的重要基石。

这个错综复杂的关系网络令我深受震撼，并成为撰写本书的初始动因。在自然科学迅猛发展的时代背景下，某种程度上，这个网络的成长历史就是科学与文明的成长历史。我希望能够将其中的地球科学部分介绍给更多人，使人们了解地球科学的发展历程。于是，本书的雏形以专栏《地质学家的朋友圈》的形式在知乎平台上发布。2023 年，在《中国国家地理》图书部编辑孙成义的建议下，我对专栏内容进行了大幅度改写，最终形成了这部作品。书中选取了地球科学发展史上的 18 个重要视角，通过关键人物故事和学科演进的脉络，展示了科学家探索这颗星球的过程。

为了使这些精选视角更加突出，并保证非专业背景的读者也能享受阅读的乐趣，本书并未试图涵盖地球科学发展史的全貌，并且有意识地省略了一些较为枯燥的时间线索，这和最初那个偏向于通史写法的专栏是不同的。同时，针对这 18 个核心视角，我补充了许多专栏中未曾涉及的细节，又重新绘制了一系列示意图，使内容更加丰富、立体。希望本书能激发读者对地球科学的兴趣，促使他们更加关注这个我们赖以生存的星球，了解它的历史、现状及未来。同时，我也希望通过本书传达一种探索与创新的精神，鼓励读者勇于追求真理、勇敢面对未知。本书的写作先后得到了孙成义、

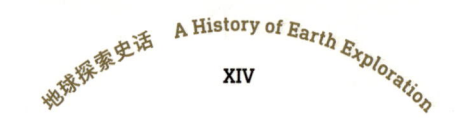

乔琦等编辑的帮助，在此我对他们表示感谢。

　　本书仅是我对地球科学发展史的一次简要梳理与展示。鉴于地球科学是一门博大精深的学问，加之个人能力有限，书中难免会有疏漏之处，欢迎读者提出宝贵意见。

2024 年 10 月 19 日，于北京

PART 1
第一章

资源与征战

塑造人类文明的学科

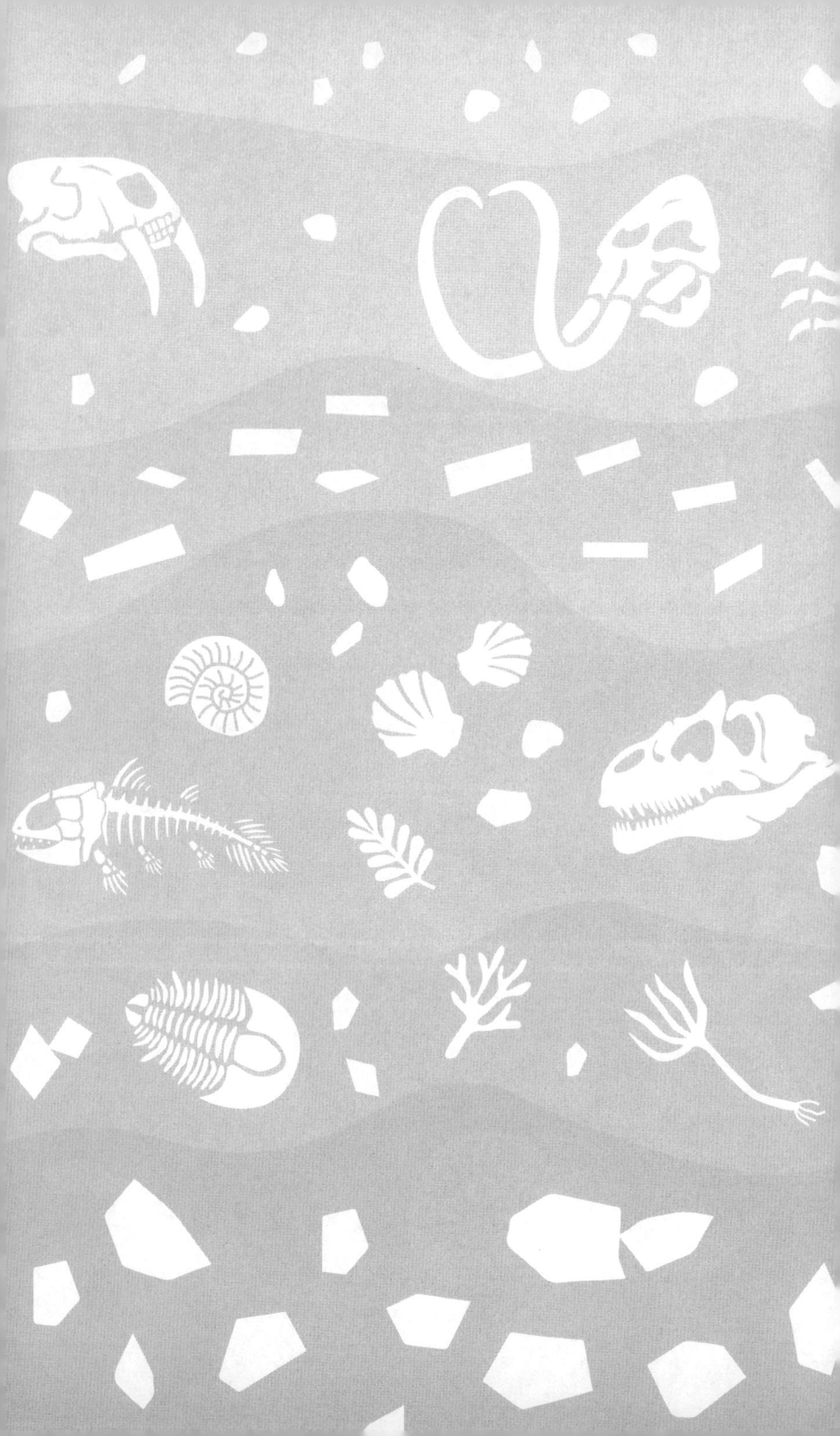

1. 探索

- 为了更好地生存 -

"我是谁？我从哪里来？我到哪里去？"这是古希腊哲学家在 2500 多年前提出的三个著名的问题，被称为人生终极之问。

千百年来的思想家、艺术家和科学家都在思考这件事，因为他们很好奇，自己生活的世界到底是什么样子的，又是怎么运行的。

毕达哥拉斯迷恋数字，发展了早期的数学；阿基米德发现了浮力，开拓了早期的物理学；炼金术士们不小心引爆了实验室，偶然成就了早期的化学；而古人则在观察星象、制定历法的过程中，摸索出了早期的天文学……

同时，也有一部分人对周围的自然环境充满好奇，他们追问：河流为何流淌？四季为何更替？大海的尽头隐藏着什么？山脉和平原又是如何形成的？各种岩石有哪些用途……这些人可以被视为早期的地质学家，他们以简单而原始的方式思考着自然界的奥秘。

严格地说，我们今天所熟知的现代地质学起始于 18 世纪末至

19世纪初,不少学者将查尔斯·莱伊尔在1833年完成的《地质学原理》作为现代地质学正式诞生的标志。然而,从更广泛的角度来看,人类对岩石和地貌的观察可追溯到上古时代。正如美国地质学家赫伯特·格里高利所说:地质学的发展史实际上就是人类对岩石和地貌的观察史,而观察的精确度和系统性的逐步提高则进一步促进了地质学这门学科的进步。

古人研究岩石和地貌并不全然出于闲暇和兴趣,更多是为了在各种自然灾害和资源匮乏的情况下维持生存。在人类历史初期,人类的力量微不足道,我们在面对严酷的自然环境时,只能观察和总结周围的自然规律,然后顺势而为,确保自己和族群的生存。

早期人类从自然中发现了一些提升生存竞争力的自然资源,如燧石、黑曜石、黏土和建筑石材等。然而,这些宝贵的资源在大地上分布不均,使得各个部族都争先寻找,否则将在与相邻部族的竞争中失去优势,甚至面临被淘汰的危险。而那些最先找到并学会开采这些资源的部族,往往能制造出更先进的工具和武器,有更多的机会生存下去。

在美国得克萨斯州中部的威廉森县,考古学家发现了两个早期原住民部落与地质资源有关的有趣往事。那片土地上有一组形成于白垩纪的连续石灰岩层。石灰岩层又分为上下两段,下段形成于白垩纪早期,当时这片地区被浅海覆盖,因此孕育出了比较纯净的石灰岩,几乎没有其他岩石掺杂其中。到了白垩纪晚期,情况发生了变化,此时的浅海已经逐渐干涸。因此,白垩纪晚期形成的上段石灰岩混入了不少泥岩和黏土。

这组石灰岩以很缓的角度倾斜着，形成了一个现象：在威廉森县东部，石灰岩层埋藏较深，只有上段暴露于地表。因为上段含有泥岩和黏土，经过长期的风化溶蚀后，在东部形成了厚实而肥沃的土壤，非常适合农业生产。而在西部，下段石灰岩暴露于地表，由于那是比较纯的石灰岩层，风化后形成的则是贫瘠的石灰质土壤，以及一座坚硬的石灰岩小山丘。

在殖民时代以前，威廉森县的所在地是北美洲原住民的家园。该地区曾生活着两个部落，其活动范围分别是威廉森县的东西两侧。东侧的部落发展较为迅速，因为那里的环境较为优越——肥沃的土壤为农业发展提供了得天独厚的条件，因此他们能够发展出先进的农耕技术，拥有充足的粮食储备。位于西侧的部落则面临着严峻的生存挑战，土壤贫瘠，粮食产量不足，使得部落生存变得异常困难。幸好，部落中"某些聪明的大脑"在仔细观察了那座石灰岩小山丘后，从山崖中发现了一种特殊的矿石——燧石。燧石常与高纯度的石灰岩相伴出现，这种矿石不仅可以作为打火石用来点火，还是很坚硬的材料，可以制作武器。

于是，西侧部落学会了从石灰岩中开采燧石。他们把小块燧石作为点火工具，拿去和东侧部落交换粮食。一旦交易受阻，他们便挥舞着由大块燧石制成的石斧和石刀，把邻居"教训"一顿。考古学家发现，因为掌握了燧石的开采技术，西侧部落不仅在贫瘠的土地上成功生存了下来，而且还过得相当悠闲。

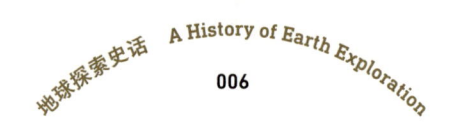

1. 在沉积作用下，新的沉积物叠盖在旧沉积物上方。随着环境的改变，沉积物的性质会发生变化，从而形成不同的岩层。

更晚的地层
上段（形成于白垩纪晚期） 岩性：夹杂了大量泥岩和页岩层的石灰岩，较为松软
下段（形成于白垩纪早期） 岩性：纯净的石灰岩，较为坚硬
更早的地层

3. 长期的风吹日晒、河水冲刷，导致地层靠上的一端被侵蚀，但因每个地层的物理性质不同，侵蚀的程度各不相同。

下段较为坚硬、耐磨，风化作用进行较慢，形成了山丘。此地土壤贫瘠，但含有燧石矿。

松软的上段风化作用进行较快，形成了低洼地势，且土壤肥沃。

上段
下段
更早的地层

2. 后来的地壳活动导致已形成的地层朝东南方向倾斜。

● 威廉森县地质条件示意图

然而，无论古代部落的生活多么滋润，他们在大自然的力量面前仍然弱不禁风。古人不得不面对大自然无情的一面，与各种自然灾害斗争。洪水、地震和龙卷风在历史上留下了深刻的恐惧记忆，但这些灾难也促使古人更加深入地研究地质学知识。

随着时间的推移，几乎所有的古代文明都意识到，要想改变"弱不禁风"的现状，就必须发展科技。科技是推动生产力发展的关键，而更先进的生产力能帮助人类抵御更多的自然灾害，把人类文明的水平带到更高的台阶上。

在科技发展的道路上，矿产资源占据着举足轻重的地位。探寻这些资源，往往需要深入山林之中，尽管这些地方难以抵达，但古人仍然不畏艰难地去探索矿产资源的所在之处。

在诸多的金属矿产中，黄金无疑是最受瞩目的，时至今日它仍是一国经济的压舱石，在国际金融市场占据重要地位。有意思的是，黄金虽然在人类文明中拥有超然的地位，但它也是人类文明最早"征服"的金属矿产。早在公元前 6000 年，生活在东欧保加利亚草原上的一群先民就已经掌握了开采黄金的技巧。

除了黄金，人类也开始开采其他金属，其中最典型的是铜。约在公元前 4200 年，地中海塞浦路斯岛上的居民便开始开采铜矿。北美五大湖附近的原住民也不甘其后，他们在苏必利尔湖南岸的基威诺半岛上发现了非常丰富的铜矿，并且其纯度高达 97%，无需冶炼便可以直接使用。

然而，根据最新的考古研究发现，当时的原住民经过一番尝试后仍不明白铜的用途，最终放弃了这些铜矿。他们离开后，五大湖边的铜矿很快被历史遗忘。直到美国成立后，地质学家道格拉斯·霍顿才重新发现了这些铜矿，使美国得以摆脱对进口铜的依赖，霍顿因此被誉为"美国铜矿之父"。

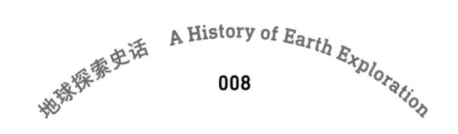

在公元纪年以前，古代文明时期的人类已成功开采并利用了七种金属，它们被合称为"古炼金术七大金属"，包括金（公元前6000年）、铜（公元前4200年）、银（公元前4000年）、铅（公元前3500年）、锡（公元前1750年）、铁（公元前1500年）和汞（公元前750年）。

掌握这些金属的开采及冶炼方法，是人类社会发展的关键。细思之下，在目前已知的90多种金属元素中，这七大金属的用途仍是最广泛的，它们对维持社会运行至关重要。从宗教器具、农具到武器及各种高级工具，这些金属在推动人类文明进步方面发挥了巨大作用。

随着各大文明古国的崛起，人类对地形地貌和矿产资源的理解日益加深。有证据显示，古埃及人根据不同岩石的耐磨程度，将其运用到建筑材料的选用上。历史学家也发现，除了征服比亚，古埃及的历次扩张都是为了夺取关键的矿产资源。更有甚者，印度学者萨纳特·查特吉提出了一个饱受争议、令人震惊的观点——古埃及人在建造金字塔时，可能参考了锆石等四方晶系矿物的晶体结构。

在中华文明的早期，中原大地的先民便开始探索万物的规律。早在新石器时代，当时的古人便已具备了从地层中开采原料的能力。至迟在商朝，人们通过长期的观察总结了大量的气候周期规律及天文现象，建立了行之有效的历法。流传至今的上古时代青铜器证明早在4000多年前，中国便已经掌握了金属冶炼技术，进入了青铜时代。东周时期，诸子百家的著作中包含了丰富的地理知识。例如，儒家《尚书》中的《禹贡》篇描绘了九州的地理风貌；法家《管子》中的《度地》篇则是人们对山川河泽的认知。至战国时期，都江堰、郑国渠等水利工程不仅凝聚了古人对水文地貌的理解，更体现了他们将这些知识付诸实践以造福社会的卓越成就。

在地球的另一边，随着西方文明步入古典时期，欧洲人对地球的观察取得了丰硕的成果。在公元前7世纪的爱琴海畔，古希腊米利都城的科学家、思想家泰勒斯开始依据气候预测农作物收成，并率先使用坐标系绘制地图，他发明了简易圆柱投影法，至今仍被许多地理信息软件所采用。

自泰勒斯起，古希腊各城邦涌现出众多研究地理现象的大师。公元前6世纪，哲学家色诺芬尼在陆地发现海洋生物化石，他据此推断目前的陆地曾位于水下；公元前5世纪，历史学家希罗多德观察到尼罗河三角洲不断"生长"；而以研究医学闻名的希波克拉底也涉足地质学领域，撰写了《论风、水和地方》一书，他在书中还总结了在特定地点、季节中发生的常见疾病。

公元前4世纪，亚里士多德编写了《气象学》，开启了对天气现象的系统性思考，并首次提出世界是由水、气、土、火四元素组成的"四元素说"。亚里士多德的学生泰奥弗拉斯托斯编写了《征兆之书》，进一步总结了预报天气的方法；他的另一位学生狄凯阿科斯则绘制了最早的带有经纬坐标系的世界地图。

西罗马帝国灭亡后，欧洲进入中世纪，强大的天主教教会垄断

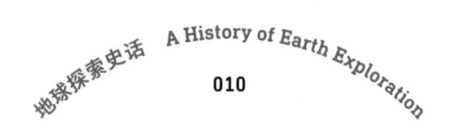

了大部分知识，并根据宗教的观念和需要进行重新解释。例如，教廷力挺"地心说"，因为只有让地球位于宇宙的中心才符合教义。

"地心说"不仅关乎地球的位置，还包含了一套解释地球运转和地球上岩石、矿物分布的理论体系。在这个观点中，包括金属矿物在内的各种物质都受各大行星及恒星的影响，例如火星控制着含铁矿物，土星影响着含铅矿物，而太阳则决定了含金矿物的分布……这些五彩缤纷的珍贵矿物被视为宇宙之光的化身。

尽管中世纪欧洲人对科学的探索陷入停滞，但在其他地区，人们对地球的观察并未止步。例如，在公元5世纪，印度诗人迦梨陀娑在他的作品中生动地描述了印度的季风现象，并精准描绘了季风的移动路径；9世纪，阿拉伯数学家肯迪详细分析了海洋中的水流和潮汐现象；1027年，波斯学者伊本·西那提出了山脉诞生的两种成因，并重新阐释了亚里士多德关于化石成因的猜想；1121年，塞尔柱帝国的哈齐尼编写了《智慧平衡之书》，是最早的关于地壳静水平衡的研究。

秦汉以来的华夏学者也取得了不俗的成就，例如：汉朝的地图上已经有了等高线的雏形；三国初期的《水经》记录了137条河流的水文情况，后来北魏地理学家郦道元在此基础上为其作注，编写了水文学巨著《水经注》；唐朝皇子李泰主编了中国当时集大成的地理学专著《括地志》；北宋科学家沈括在其著作中记录了延州地区的化石，他还在当地观察到天然石油的渗出现象，并在《梦溪笔谈》中预言"此物后必大行于世"；元朝天文学家、数学家郭守敬发明了"弧矢割圆术",用来处理地球黄道和赤道的坐标换算,并组织了规模宏大的观测团队,观察地球及天体的运行规律。

在 14 世纪,但丁和薄伽丘等人的著作开始唤醒欧洲的人文主义精神。另一方面,黑死病的肆虐让欧洲教会的统治者陷入困境,他们所敬仰的神在瘟疫面前似乎无能为力。从意大利开始,欧洲各国逐渐走向了文艺复兴,这一时期是艺术和科学的大发展时期,当然也包括了对地球的探索。

1492 年,德国地理学家、航海家马丁·贝海姆制作了一个现代地球仪。然而,这个地球仪所假设的地球半径太小,因此后来误导了哥伦布。不过,这也阴差阳错地促使哥伦布发现了新大陆。这可真是造化弄人,如果不是这个半径错得离谱的地球仪,哥伦布可能就不敢向西航行了。

哥伦布的扬帆起航也标志着地理大发现时代的到来。从人类文明史的角度来看,地理大发现不仅是地理知识的一次大丰收,更是世界史真正的开端。17 世纪的启蒙运动进一步解放了欧洲人的思想,重新激发了他们对自然科学的热情。众多杰出的科学家纷纷投身于科学研究,用毕生的精力探索宇宙万物的奥秘,这些科学巨匠的卓越成就共同奠定了现代科学的基石。在这一历史进程中,作为研究自然的基础学科之一,现代地质学也终于应运而生。从此,我们能以系统而科学的方法更加深入地探索脚下的地球。

2. "黑"历史

- 石油的发现与工业时代 -

谁来拯救鲸?

电力问世之前,油灯是人类最常用的照明工具。18 世纪时,油灯里的油大多取自抹香鲸(尤其在北美洲)。鲸油燃烧时火焰明亮、干净,不易产生烟雾,因而广受欢迎。此外,鲸油还是一种备受推崇的润滑材料,也可以用于制造蜡烛、肥皂、润滑油等。

18 世纪 60 年代开始,欧洲大陆的工业革命如火如荼地进行,人们对夜间照明的需求前所未有地旺盛。鲸油如此有利可图,于是各地的捕鲸船纷纷出动,在海上游弋,就像食肉的猛兽在茫茫旷野间寻找猎物。相形之下,海洋中这些庞然生灵似乎显得过于迟缓。当捕鲸船迅速靠近抹香鲸时,捕鲸人将拖着长绳的带倒刺的锐利鱼叉深深扎进抹香鲸的身体里。一阵翻滚、挣扎后,海面翻起一阵旋涡,接着漂起一片殷红,已经死去的抹香鲸被拖到船上。接下来,抹香鲸的皮和脂肪被切割、剥下，扔进甲板的砖炉上架起的大锅中，最终熬制成鲸油。

19世纪40年代，经过汹涌的捕鲸热潮，抹香鲸的数量急剧减少，甚至出现了鲸油短缺。就在那时，加拿大地质学家亚伯拉罕·格斯纳发现，在特定条件下，加热煤炭或油页岩会产生一种透明的液体，他将这种液体命名为煤油。与鲸油相比，煤油是一种更优秀的照明材料，因为它的火焰同样明亮，且更清洁、安全，也更便宜。不久后，人们掌握了煤油提炼工艺，可以从石油中更简单、快捷地得到煤油，而且成本更低。

抹香鲸被围猎主要归因于鲸油所带来的巨大利益，如果能够得到充足且廉价的石油，抹香鲸的命运或许就会迎来转机。

后来，转机真的发生了。1859年8月27日，黑色的石油从美国宾夕法尼亚州的一口油井中喷薄而出。

史上第一次石油钻探

在宾夕法尼亚州西北部的泰特斯维尔，当地的原住民长期以来都知道附近的溪水表面总是浮着一层油，这些油其实就是自然渗流到地表的原油。所谓原油，就是未经加工的石油。

1854年，律师乔治·比塞尔前往耶鲁大学参观了一个科学展览，其中有一件展品吸引了他的注意——一块来自泰特斯维尔附近的岩石标本。这块石头油迹斑斑，明显是长期浸在天然渗出的原油里。这块石头给比塞尔留下了深刻的印象,他开始设想:如果能够以合理的成本收集大量石油,并从中提炼出煤油,将带来巨大的财富!这个想法在他的脑海中犹如一团熊熊烈火燃烧起来,使他无法抑制内心的激动。

比塞尔决定与朋友乔纳森·埃弗莱斯分享这个想法,埃弗莱斯是缅因州一所预科学校的主管。在一位银行家的慷慨资助下,他们共同创建了宾夕法尼亚岩石石油公司(后改名为塞尼卡石油公司)——这是世界历史上第一家专门为勘探石油资源而成立的企业。他们在宾夕法尼亚州泰特斯维尔那条常年有油渍的小溪附近圈定了一小块土地,准备开采那些黑乎乎的原油。他们首先需要聘请一位专家来评估这个项目的可行性,以免因为选址不当而一无所获。这时,一个名叫埃德文·德雷克的人进入了他们的视线,并很快成为他们心目中的最佳人选。

德雷克出生于纽约郊外的乡村,从小就擅长修理农用机械,虽然未受过系统训练,但他的动手能力非常强。1857年,比塞尔找到他的时候,德雷克刚好在户外修理机械钻头。德雷克面对机械时精准而熟练的操作及其应对自如、游刃有余的谈吐,给比塞尔留下了深刻印象,比塞尔认定,德雷克一定是个钻井高手。于是,比塞尔邀请德雷克前往泰特斯维尔,评估石油钻探项目的可行性。为了营造声势,比塞尔在给当地村民的介绍信中称德雷克为"上校"——虽然德雷克从未参过军,更没有任何军衔。在余生中,他一直被称为德雷克上校。

德雷克上校在泰特斯维尔进行了一番详尽的考察。尽管他并不精通石油成因等科学理论，但对于钻井的工程设计，他可是有着独到的见解。经过一番精准的测量后，他坚信这个项目完全可行，并且准备根据当地的油层情况，自行设计一套更经济、高效的开采流程。比塞尔听闻这个消息后惊喜不已，决定立刻开工。

其实在当时，人们已经知道如何开采原油了，但是开采的方法很原始：挖很深的坑，然后等着原油自己从地下渗出来。这种方法不仅效率低下，而且施工的时候经常遇到各种问题，非常危险。德雷克另辟蹊径，设计出了一个用钻机从地下深处直接抽取石油的办法。他召集了一队工人，建造了一部由蒸汽机和电力驱动的钻机，开始了史上第一次石油钻探。

1859 年 8 月 27 日，在离地表仅 23 米深的地方，德雷克成功钻出了人们梦寐以求的"黑色黄金"——原油。那一刻，原油喷涌而出的场景标志着现代石油工业时代的正式开启。德雷克因此被誉为"石油工业之父"，他的新方法彻底改变了石油工业的面貌，为日后石油产业的繁荣奠定了基础。德雷克的油井每天生产大约 35 桶原油，但他并没有对其进行蒸馏处理，而是以每桶 20 美元的价格直接出售这些原油，这在当时是一笔相当可观的收入。德雷克及股东们都因此获得了巨额财富。

洛克菲勒帝国的崛起

然而，德雷克在之后的时间里异常艰辛。他四处奔波，寻找

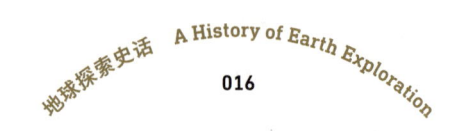

愿意购买原油的客户。但在最初的辉煌褪去后，原油的需求却逐渐减少，这是由于原油气味难闻、颜色浑浊，还具有高挥发性成分，很不讨人喜欢。最终，宾夕法尼亚岩石石油公司因无法维持而倒闭。

德雷克在推销原油的过程中所面临的困境并非个例，许多直接出售原油的小型石油公司也都曾遭遇过类似的情况。为了在市场中占有一席之地，他们必须"变废为宝"对原油进行提炼。正是在这种需求之下，炼油厂应运而生。

炼油厂早期的核心设备是蒸馏器，它由一个大铁桶和一根冷凝管组成。工人用煤火加热铁桶，使桶内的石油受热蒸馏。在蒸馏

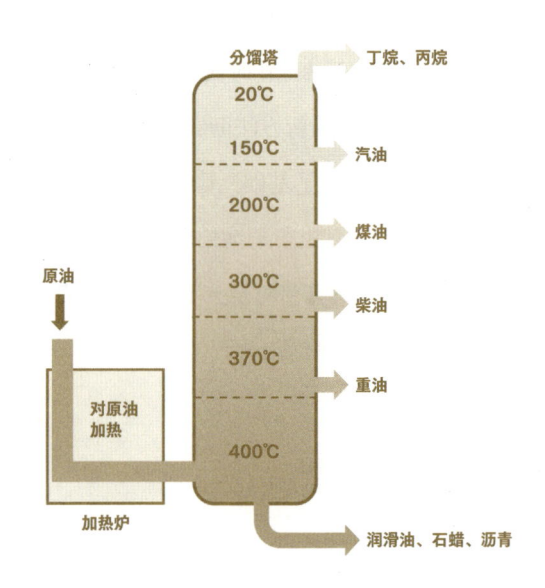

• 现代原油提炼过程示意图

• 19 世纪 60 年代宾夕法尼亚的石油工业区

过程中，炼油厂可以得到三种馏分：第一种馏分是高挥发性的"石脑油[1]"，接着是煤油，最后留在桶底的是重油和焦油（沥青）。这些产品中，大约七成是煤油，这为炼油厂带来了一份稳定的收入来源，因为对于广大老百姓来说，用煤油来照明是最基本的需求。

然而，由于时代的局限性，炼油厂的另外几种产物在当时被认为是没有价值的副产品，所以它们都被弃如敝屣。直到 1869 年，事情发生了转机。曾研究鲸油的化学家罗伯特·切斯布罗参观了德雷克的油井，他想探索这种新产品相较于鲸油到底有何优势。在泰

---

1. 一般由 C_4~C_{12} 的烷烃、环烷烃、芳香烃和烯烃组成，同时存在一定量的含硫、氮等的非烃类物质。

特斯维尔，他惊奇地发现石油工人们经常往身上的伤口涂抹一种膏状物，这种物质被工人们称为杆蜡，是从钻井机器中清理出的污垢，但具备缓解伤口疼痛的功效。经过研究，切斯布罗发现杆蜡实际上是重油。他带回杆蜡样本，从中提取出了能够疗伤的成分，原来石油制品真的具有一定的药用价值。切斯布罗为这种新药品注册了商标——凡士林。新药品在美国大受欢迎。重油实现了从废物到工业原料的华丽转身，除了外用药物之外，它还被用于制作润滑剂、蜡烛和口香糖等产品。

不久之后，焦油也有了用武之地，它们被用作屋顶材料，而汽油在那个时代则被医院用作麻醉剂。这一变革使得炼油厂几乎所有的主流产品都能赚钱，它们变成了商人的摇钱树。而炼油厂的这一成功，也标志着石油产业体系的正式确立。

在这个新的风口中，约翰·戴维森·洛克菲勒的石油商业帝国崛起了。最初，洛克菲勒只是一个簿记员，但有着敏锐观察力的他发现了一个问题：石油工业处于无序扩张中，迟早会生产过剩，导致油价大跌。果然，19世纪60年代末期，美国石油产量已经达到了每年350万桶。这样大规模的生产，导致原油价格暴跌至每桶10美分。洛克菲勒坚信，相对于生产而言，炼油和运输才是控制石油行业的关键。于是，他在1870年建立了标准石油公司，并且和铁路公司结成了战略同盟，降低了运输成本，从而迅速战胜了竞争对手。

经过连续的积极扩张，不断收购被击败的竞争对手，标准石油

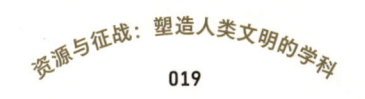

公司逐渐成为美国石油产业的超级巨头，垄断了整个美国东部地区的石油输送业务，控制了九成的炼油厂，而洛克菲勒本人更是荣登人类历史首富的宝座。

然而，标准石油公司的垄断行为也给石油产业埋下了不小的经济隐患。1906年，美国总统西奥多·罗斯福根据反垄断法对标准石油公司展开了调查。1911年，美国最高法院将标准石油公司拆分为37家区域性的公司。即便如此，拆解后形成的许多公司（包括马拉松、埃克森、美孚、雪佛龙、康菲等）至今仍然是石油领域的一流企业。

史上第一座超级油田

在标准石油公司垄断石油市场达到顶点的时候，石油工业发展史上的另一件大事也悄然发生了，那就是史上第一座超级油田的诞生。这座超级油田名叫斯宾德勒托普油田，它位于美国得克萨斯州，最初的发现者名叫帕蒂洛·希金斯。

希金斯从小就是个刺头，到处惹是生非，爱动歪脑筋。17岁时，他因拒捕和警察发生枪战，失去了一条胳膊。1885年，决定改邪归正的希金斯在得克萨斯州开了一家砖厂，然而砖厂在经营过程中遇到了一个问题：烧砖需要使用天然气，但天然气厂的供气价格太贵了，小本经营的他无法承受。为了降低成本，希金斯自学了地质学知识，然后亲自去寻找附近的天然气资源，打算绕过天然气

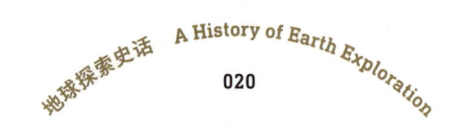

厂，自己接一根输气管到气田上。

希金斯的努力得到了回报。在砖厂附近的博蒙特地区，他发现了地层中存在大量油气资源的迹象。这时，一个投资财团找到了希金斯，说服他放弃经营砖厂，一起成立公司，去开发当地的油气资源。

然而，发现油气资源的迹象并不等于定位到确切的油藏和气藏，想要真正投产，后续的工作并非易事。自学成才的希金斯专业知识不够扎实，而且极度缺乏经验。在他的胡乱指挥下，公司在博蒙特地区钻了许多探井，却未能找到油气储层，这几乎让公司破产。

尽管明知油气储层就在附近，但始终无法找到准确位置，公司的股东们已经绝望了。在公司宣布倒闭前，希金斯决定寻求外部帮助，进行最后一搏。

这位外援是来自克罗地亚的工程师安东尼·卢卡斯，他在欧洲曾负责石油钻探工程，拥有丰富的经验。经过一番勘察，卢卡斯把钻井地点选定在博蒙特附近一座名叫斯宾德勒托普的小山丘，这座小山丘拥有一种名为盐穹（又称盐丘、盐隆）的特殊地质构造。在很久以前，此地因为海水的大量蒸发而形成了一层厚厚的盐，这层盐被其他沉积物掩埋后，又经历了漫长而复杂的地质作用，在其上覆岩层中挤出了像穹顶一样的构造，这便是盐穹。在卢卡斯之前，其他勘探工程师认为这里根本不可能有石油，因为盐穹是不透水的，石油根本流不过来。

盐穹结构示意图

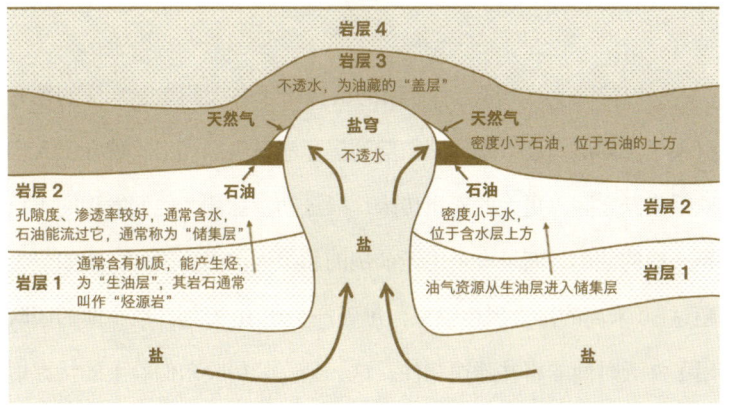

地表
岩层 4
岩层 3　不透水，为油藏的"盖层"
天然气
盐穹　不透水
天然气　密度小于石油，位于石油的上方
岩层 2　孔隙度、渗透率较好，通常含水，石油能流过它，通常称为"储集层"
石油
石油　密度小于水，位于含水层上方
岩层 2
岩层 1　通常含有机质，能产生烃，为"生油层"，其岩石通常叫作"烃源岩"
盐
油气资源从生油层进入储集层
岩层 1
盐　　　　　　　　　　　　　　　　　　盐

● 盐穹结构示意图。因为上覆地层的重力挤压，盐层中的盐向上隆起，穿透了岩层1和岩层2的薄弱处，并使岩层3变形，形成了穹顶构造。盐层不透水，如果石油能穿透岩层2但无法透过质密的岩层3，就会在盐穹处集聚，形成油藏

然而，卢卡斯并不认同这种观点。他的想法恰恰相反：石油在多孔的岩层中自由流动，反而不易追踪，但如果它们遇到了不透水的盐穹，就会停止流动并汇聚起来。卢卡斯坚信，大部分的油气资源被困在盐穹附近，这就是为什么希金斯虽然在附近找到了许多油气存在的迹象，但始终未能找到集中的油藏。卢卡斯断言，只要揭开这个像盖子一样的盐穹顶层，大家期待已久的石油就会源源不断地涌现出来，到时候，就等着一起数钞票吧！

1900年9月，卢卡斯开始了他的钻探工程。可是，过程并不顺利，几个月过去了，钻探进展缓慢不说，还遇到了钻头被卡、井壁破裂、井架倒塌等一系列令人头疼的意外。但是，"死心眼"的

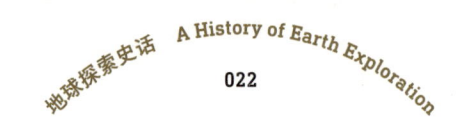

卢卡斯发扬了一如既往的执拗作风，再大的困难也没有让他放弃钻井。

1901年1月10日，卢卡斯的钻头终于在大约350米深的地方打入了含油层，让大家望眼欲穿的黑色液体喷涌而出。就在工人们欢呼雀跃之际，更大的喜讯传来：经过初步探测，他们发现的不只是一般的油田，而是一个史无前例的超级大油田。出油口犹如一个超过50米高的巨大黑色喷泉，每天产量达10万桶，卢卡斯的团队用了9天时间才将井喷控制住。这一刻，公司股东们脸上的忧虑烟消云散，取而代之的是一夜暴富的欣喜若狂。这个油田以油井所在的盐穹小山丘为名，被叫作斯宾德勒托普油田（又称纺锤顶油田）。

斯宾德勒托普油田的发现，掀起了一场可以和1849年加州淘金热相媲美的石油热潮，而卢卡斯在盐穹区域钻井的创举，则成为全球石油行业的典范，客观上推动了后续许多其他大油田的发现。斯宾德勒托普油田的诞生也提高了人们对油藏的期望，石油公司派出了更多的地质学家，在世界各地探寻新的超级油田。

地震波的妙用

为了锁定一个地区的潜在油气资源，地质学家们会深入研究该地区及其周边的沉积岩层，以确定是否有可能存在石油和天然气储层。一旦发现可能存在的储层，他们将根据地质条件进一步缩小搜索范围，并找到需要进一步勘探的具体区域。然而，在过去，这是一项复杂又耗时的任务，而且结果也往往充满了运气成分，毕竟谁也无法掘地三尺，逐一查看所有的岩层。即便能打几个探井，但也可能刚好错开储油区，最终一无所获。面对这一挑战，一些勇敢的创新者开始寻求更为高效、准确的方法，于是地震层析成像技术应运而生，这一技术的发明彻底改变了石油地质发展的历程。

地震层析成像技术是由地球物理学家约翰·克拉伦斯·卡彻尔发明的。卡彻尔获得了宾夕法尼亚大学物理系的博士学位，他毕业后在电力公司担任工程师，负责设计海底电缆。这个时候，他曾经的两位大学老师在石油资源丰富的俄克拉何马州创立了一家地质工程公司，并邀请他加入。

这家新公司的主要业务是为石油公司设计油田勘探装置。在加入公司后，卡彻尔做出了卓越的贡献，即提出了地震层析成像技术的概念。这种技术的设计思路很简单：不同的地质结构有不同的物理性质，会影响地震波的传播方向和传播速度；如不同的岩石类型、断层、地层界面等，都会导致地震波的折射、反射或透射。因此，如果让一组地震波传播到地下，然后利用传感器接收反射回地面的地震波，便能分析出地面之下的地质状况，这对于寻找合适的石油储层具有重要意义。

1921年，卡彻尔在俄克拉何马城附近的一个农场内，进行了历史上第一次地震成像调查。为了产生足够强的地震波，卡彻尔在地上钻了一些孔，并在里面塞满了炸药进行引爆。爆炸产生的冲击波在地下岩层间传播，经过一系列折射和反射后，被放置在地表的传感器检测到。随后，卡彻尔对传感器收集的数据进行深入分析，在地下找到了一些与众不同的地方，这些地方可能就是油气资源汇集的区域。经过实地验证，卡彻尔发现，那些具有较高反射率（也就是"回声"比较大）的区域，往往就是油气储层的所在之处。

卡彻尔的新技术取得了巨大的成功，地震层析成像技术的发明成为石油地质领域的一个值得纪念的里程碑。从此，人们可以通过地震波数据清晰地"看"到地下的情况，这一突破为石油地质学带来了革命性的进步。地震层析成像技术引来了各大石油公司的关注，他们都纷纷前来购买这一技术，使其成为寻找石油和天然气储层的必备工具。

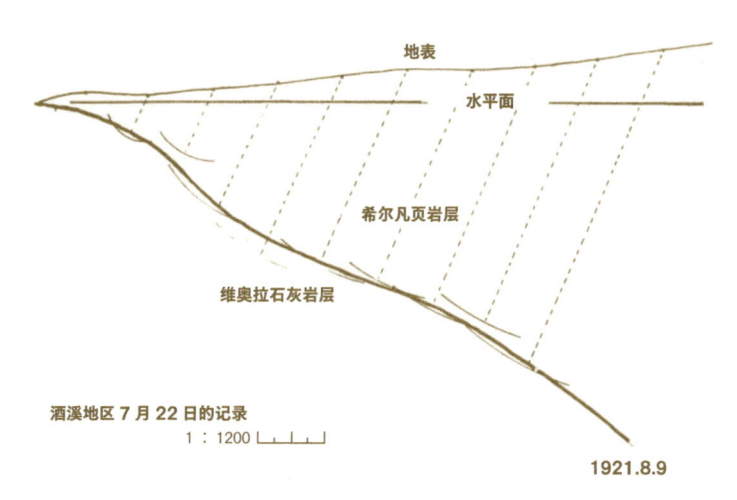

- 卡彻尔在第一次地震成像调查的结题报告上绘制的地层剖面示意图。他通过地震波找到了酒溪地区希尔凡页岩层（右上）和维奥拉石灰岩层（左下）之间的交界面

石油工业的发展和未来

随着时间的推移，地震层析成像技术不断升级，专门用于引发地震波的气枪、振动器和特殊炸药等配套设备也相继被发明。到了20世纪中期，深埋在地下的断层和褶皱等地质构造被一览无余地呈现在人们眼前，地质学家们甚至能够利用地震波反馈的数据，把整个沉积盆地的岩层和构造都详细地绘制出来。随着计算机技术的发展，地质学家和软件工程师展开合作，把地震层析成像技术升级为更加精美的三维成像技术。

功成名就后的卡彻尔决定自己创业，他成立了一家地球物理服务公司，提供石油勘探咨询等业务。让人意想不到的是，卡彻尔的公司在后来经过改组，竟然发展成了今天以制造半导体而闻名的得州仪器公司。

随着时代的演进和理论技术的发展，曾经被忽视的石油已逐渐成为现代社会的核心，它源源不断地为现代社会提供动力，成为工业生产的命脉，使我们的生活更加便捷、丰富，被喻为"黑色黄金"。当我们追溯历史，从德雷克开凿第一座商业油井，到卡彻尔发明地震层析成像技术，我们深刻地意识到，人类对石油的探索之旅已经超越了地质学和工程学的范畴。这是一部热血沸腾的史诗，它展示了人类的聪明才智以及科技对生产和社会的巨大推动。

3. 战争中的地质学

古代的"军事地质学"

战争伴随着整个人类文明的发展史，它并非小说或评书中那般儿戏，也没有电影情节里的浪漫，而是充满了残酷与破坏。但客观来说，战争也推动着科技的进步。战争关系着无数人的命运，对任何一个身处战争旋涡的国家而言，赢得胜利都是首要任务。历史上的许多技术创新和科学理论发展，其最初动力就来自这种军事需求。

地质学自然也不例外。将领们深知，战争中的天时地利至关重要，其中就包括了勘测地形、设计后勤交通路线、寻找水源、修筑工事和战壕等与地质学密切相关的内容。在战争的"需求"之下，地质学也展现出独特的发展轨迹。

自古以来，那些赫赫有名的将领，大抵都是地质学知识相当丰富的人。他们必须将战区的地形地貌铭记于心，还要灵活运用他们的地质学知识来策划军事行动。例如，在第二次布匿战争中，迦太基的杰出统帅汉尼拔凭借他的地质学知识，找到了穿越阿尔卑斯山的路径，从而成功袭击了罗马帝国的腹地；与之相比，罗马的凯撒大帝也不遑多让，他在指挥军事行动的时候，已经能有效地利用地质学知识来建造防御工事。

16世纪，英格兰国王亨利八世启动了全国性的沿海防御工事建设。在此期间，英国人大量运用了岩土力学和边坡稳定等地质工程知识。一些懂地质的专家被雇用来选定适合建造这些工事的岩层和地点，并评估工事所在地的稳定性。

在世界其他地区，地质学知识也在很早的时候就被运用到了战争之中。例如，在古代中国，将领会利用地形地貌来制订偷袭或者防御的作战计划。古代的中国人和波斯人还能够利用矿物学的知识来确定铁和煤矿的位置，从而能获得足够多的物资来制造武器和盔甲；印度的一些古代文献也有关于在军事行动中利用地形地貌的章节；而在中世纪的西亚，阿拉伯帝国开展了广泛的地质调查，并且很多调查结果都在军事中被投入使用。例如，阿拔斯王朝的首都巴格达城的城防建设，就有大量的研究矿物、岩石、水文和地形的学者参与。在哥伦布时代之前的中美洲，玛雅人也知道如何利用地质学知识来设计城墙和其他防御工事。

拿破仑的军事顾问

实际上，古代的将领对地质学知识的掌握和利用，更多的是凭借个人经验和天赋，而缺乏系统的理论研究，也没有相应的团队来专门负责此事。直至 19 世纪初的拿破仑战争时期，军事地质学的雏形才真正开始显现。

无须多言，拿破仑·波拿巴，这位法国传奇人物，是世界历史上著名的军事家之一。然而鲜为人知的是，他也是第一个聘请职业地质学家随军出征的将领，这一举措在当时堪称创举，见证了军事地质学的萌芽。

1798 年 7 月，拿破仑率领法军远征埃及，试图一举切断英国本土与殖民地印度之间的交通。他的军队里有一个"科学和艺术委员会"，由大约 150 名工程师和各个学科的专家组成。根据拿破仑的宏大计划，在征服埃及之后，他将派遣这些卓越的专家考察埃及的各个方面，包括历史、艺术、文化、矿产、地理和水文等，以全面了解这个地区，从而有效地占领和治理它。

拿破仑为委员会的每个专家都赋予了特定的头衔，以明确每个人的分工领域。其中，有四名成员被列为"地质学家"，领衔者是德奥达·德·多洛米厄，其余的三位都是多洛米厄的学生。

多洛米厄的人生历程充满了传奇色彩。他出身于法国的贵族家庭，12 岁就开始了军事生涯，加入了马耳他骑士团。18 岁的时候，他在一场决斗中击杀了骑士团的另一名成员，被判处终身监禁。后经法国外交大臣和罗马教皇的斡旋，他的刑期被减为一年。出狱后，多洛米厄选择了科学研究的道路，撰写了《大百科全书》的矿物学部分，并被任命为巴黎国立高等矿业学院的教授。他收集的大量矿物标本被法国国家自然历史博物馆收藏。

1798年，多洛米厄这位享誉国际的矿物学大师被拿破仑征召到军中，与他的三个学生一同参与了埃及远征，从而成为历史上首批真正投身军事行动前线的地质学家。在荒凉的埃及亚历山大港郊外，多洛米厄精心考察了埃及的土壤、沙漠，以及散布在其中的河流绿洲和被强风侵蚀的古迹，而他的学生们则研究了尼罗河下游的矿物分布。

然而在1799年3月，多洛米厄不幸患重病，不得不提前离开了埃及。因为军事行动尚未结束，他计划中的许多地质考察还未展开。返程途中，多洛米厄遭遇了风暴，被迫紧急靠岸，意外地被他的旧东家马耳他骑士团俘获。当时，骑士团已经公然与拿破仑为敌，作为拿破仑的科学顾问，多洛米厄当即被囚禁，遭受了残酷的虐待。尽管在拿破仑的军事施压下，多洛米厄最终被释放，可惜的是，他的身体已被摧垮，不久后便英年早逝了。

多洛米厄的埃及科考结果不尽如人意，但是他的这段经历在军事地质学的发展史上仍具有标志性意义。

葛底斯堡战役：军事地质学大显身手

拿破仑的征战之路震撼了整个欧洲，他的许多军事创新被各国争相效仿，其中就包括对军事地质学的重视。

与拿破仑敌对的普鲁士王国尤其看重地质学家的意见，普鲁士人冯·劳默因为地貌学知识丰富，得到了普鲁士名将布吕歇尔的赏识，并被提拔为参谋。后来，冯·劳默用专业知识协助布吕歇尔击败了拿破仑麾下的法军元帅麦克唐纳。1824年，军官出身的巴伐利亚地质学家冯·格鲁尔在去世前将毕生的军事经验和地质学知识整理成书，出版了历史上第一本军事地质学专业教材。冯·格鲁尔也因此被誉为第一位真正意义上的军事地质学家。

自19世纪中期起，军事地质学在包括奥匈帝国、意大利、英国、瑞士、沙皇俄国等欧洲各国逐渐崭露头角。例如，伦敦地质协会的创始成员中就有三位具有军事背景，而伦敦的伍尔维奇军事学院（桑德赫斯特皇家军事学院的前身）在热爱地质学的英军少将约瑟夫·波特洛克的影响下，首次雇用了全职军事地质学教授。从此，军事地质学作为一门学科正式走进了军校的课堂。

然而，此时的军事地质学还处于"纸上谈兵"的阶段，部分战役中的征战双方未强烈意识到地质条件对战争走势的影响，如美国南北战争期间的葛底斯堡战役就是一场明确被地质条件左右战局的战役。可能出乎许多人的意料，这场惊天动地、影响深远的大战，对最终战局影响最大的居然是鬼斧神工的大自然。

让我们一起来回顾一下这场战役。葛底斯堡之战是一场载入史册的决定性战役，它在 1863 年 7 月 1 日打响，短短 3 天内，交战双方共计 5 万人阵亡，如此惨重的伤亡在第一次世界大战前是罕见的。交战的双方，一边是由名将罗伯特·李率领的南方邦联军，我们简称为南军；另一边是由乔治·米德指挥的美国联邦军，我们简称北军。

开战前的形势很微妙，两军在弗吉尼亚长期对峙。由于海岸线被封锁，南军的物资供应出现了短缺，形势对他们非常不利。李将军决定先变招，他留下一支疑兵，继续在弗吉尼亚牵制北军主力，本人则率领南军主力绕道北上，向宾夕法尼亚州发起攻击。这一行动既可沿途缴获物资，也可直接威胁北军的后方，充满了出其不意的智慧和冒险的勇气。

6 月初，南军进入了阿巴拉契亚山，绕到了著名的蓝岭山脉后面，那里是相对平坦且孤立的中央谷地，也叫大阿巴拉契亚山谷或明谷。南军进入此处后，便沿着谷地北进。

阿巴拉契亚是典型的褶皱山脉，由诸多大致平行的山岭和山谷组成，它是在泛大陆聚合形成的时候，美洲和非洲地块相互挤压形成的，曾经它是一座像喜马拉雅山脉那样的大型山脉，之后山体被慢慢侵蚀，才形成了如今这样的南北向平行岭谷区。其中，最平最宽的中央谷地为南军北伐提供了一条直插北军身后的天然通道。

北军情报部门也并非等闲之辈，李将军在弗吉尼亚留下的疑兵计策很快就被识破。时任美国总统的林肯敏锐地判断，李将军很可能会沿着中央谷地北上获取补给，并从背后包抄首都华盛顿，这一形势万分危急！林肯当机立断，派出通信兵，快马加鞭赶往中央谷地，命令那里的居民带着所有物资撤进深山中，躲避南军，同时让弗吉尼亚一线的北军主力迅速回撤，向宾夕法尼亚靠拢，力争歼灭孤军深入的南军。

接到林肯的指示，北军主力波多马克军团在米德将军的带领下，迅速挥师北上。转眼已至6月底，南军已踏上宾夕法尼亚的土地。尽管进军顺利，却仍未达到战略目的。这是为何呢？原来，林肯下达的坚壁清野指令，令南军一路上无法缴获物资，后勤补给无法得到保障。正如古人所言，"兵马未动，粮草先行"，眼看粮草即将告罄，李将军必须另寻良策。他在研读地图后，将目光投向了与中央谷地一山之隔的葛底斯堡。李将军盘算着，如果能抢占这座小镇，南军便能获得补给，或许还能出其不意地给山脉另一侧追击的北军当头一棒。

李将军为了尽快抵达葛底斯堡，精心策划了穿越赫尔岭的行动。赫尔岭是蓝岭山脉的北支，横亘在中央谷地与葛底斯堡之间，宛如一道南北向的屏障。在地图上，李将军发现赫尔岭上至少有三个可用的隘口，其中切斯特隘口距离他们最近。李将军决定亲自率领主力从切斯特隘口出击，直扑葛底斯堡。但是，切斯特隘口较为狭窄，大军难以迅速通过。因此，李将军把南军部队一分为三，令另外两路人马绕行其他两个隘口，以期三路合击葛底斯堡。这个计划看似完美无缺，但李将军却忽略了两个重要因素。

资源与征战：塑造人类文明的学科

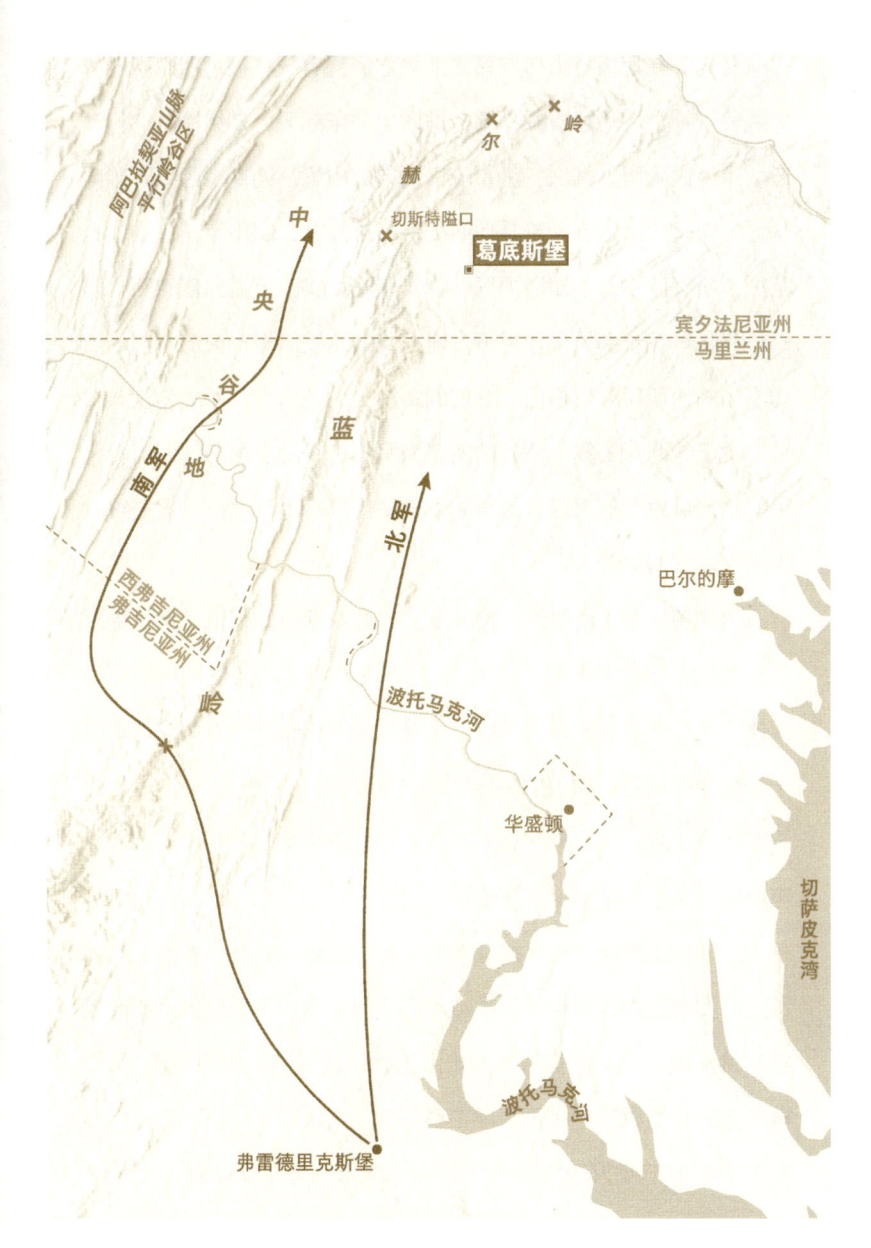

• 南北两军行军路线示意图 1

首先，在切斯特隘口与葛底斯堡之间还有一座被地图忽视的神学院岭。神学院岭海拔并不高，地图上并未标明，却给军队的行动造成了巨大阻碍。其次，赫尔岭南北向的山梁从切斯特隘口开始向东北方向延伸，这意味着其他两个隘口更靠东，超出了南军的侦察范围，所以南军并不知道那里的真实状况。实际上，东部的两个隘口是赫尔岭在长期风化作用下，岩石脆弱之处崩塌形成的。与河流切削出的切斯特隘口相比，它们的路况更为恶劣，行军更为困难。

由于这两点失算，绕行的两路南军不仅路程更加遥远，而且恶劣的路况导致他们迟迟未能与主力部队形成合围。这一失误最终成为南军战败的关键因素。

追击的北军也侦察到了南军要占领葛底斯堡的消息，于是急行军，试图抢占切斯特隘口，在那里迎战李将军。但是，神学院岭同样也没有被画在北军的地图上，导致北军的行动计划同样被延迟了，未能按时赶到预设的阻击区域。就这样，有趣的一幕出现了：北军从南边来，南军从北边来，双方刚好在神学院岭相遇了，而这座小山在两军的地图上都不存在。

7月1日拂晓，北军抢登神学院岭。上午10点，南军也向神学院岭发动进攻。神学院岭虽然不高，但其山体中随处可见的辉绿岩非常坚硬，北军抢登后才发现，山顶上的石头坚硬得超乎想象，根本无法开挖战壕，修建防御工事。

李将军不愧为一代名将，他远远地看到北军在山顶上无法掘进，立即明白了是怎么回事。机不可失，时不再来，李将军下令让

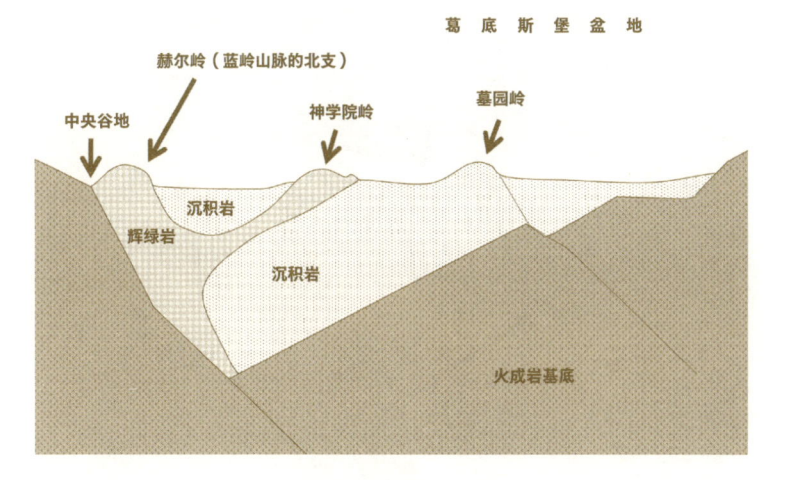

图中标注：
- 中央谷地
- 赫尔岭（蓝岭山脉的北支）
- 神学院岭
- 墓园岭
- 葛底斯堡盆地
- 辉绿岩
- 沉积岩
- 沉积岩
- 火成岩基底

● 神学院岭附近地质情况示意图

南军直接炮击山顶。炮弹把坚硬的辉绿岩炸碎，产生的碎石块像刀片一样锋利，四处飞溅，杀伤力极大，占据制高点的北军反而损失惨重，混乱中甚至有一位少将被击毙。

下午两点，第二路南军姗姗来迟，占领了葛底斯堡城北的一个小山丘。葛底斯堡城北已经无险可守，于是北军主动退后，在傍晚时撤退到城南的墓园岭附近，依仗有利地形，组成了一个向北凸起的马蹄形战线。

以上是第一天的战事，这时候天黑了，双方暂且休战。

7月2日凌晨，第三路南军终于从东侧赶到，但为时已晚，没有起到包抄的作用。李将军把他们安排到了神学院岭南侧，负责攻击北军的左翼。为了加强左翼，北军把陆续赶来的增援部队安排在

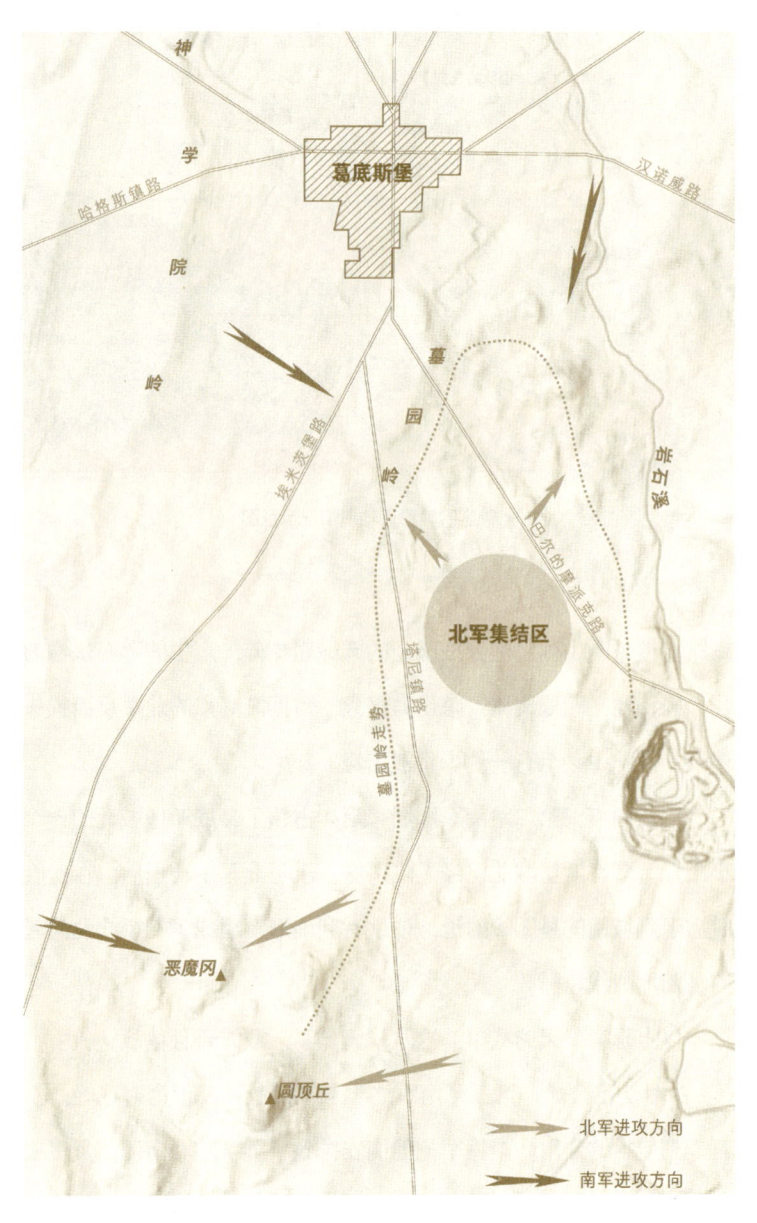

• 南北两军行军路线示意图 2

了墓园岭南侧，凭借几个坡度很大的小山丘，据险而守。

墓园岭西南方还有一片高地，名叫恶魔冈。到了清晨时分，两军在恶魔冈交火。这片高地也是由辉绿岩构成的，山顶上几乎无法挖战壕，也没有树木做掩护。然而山脚下不仅植被茂密，还有许多因风化而滚落的巨石块，成为良好的隐蔽处，使得这处关键的高地易攻难守。南北两军在此进行了殊死搏斗，恶魔冈5次易手，双方损失6000多人。

随着战斗的进行，北军逐渐占据优势，因为马蹄形的阵型使北军可以随时在内线调动，从压力较小的右翼抽调预备队支援左翼，而南军则在外线，跨越了不同的地形区，很难相互支援。眼看恶魔冈难以攻占，南军中最生猛的得克萨斯兵团转而疯狂冲向北军左翼，想从那里突破北军的防线，结果正好遇上了北军从右翼新调来的生力军，被打得全军覆没。这是7月2日早上的战况，在之后的24小时里，双方保持着对峙的状态，都没有轻举妄动。

7月3日下午1时，南军集结了170门大炮，轰击北军阵地。北军调来整个炮兵旅予以反击。历史学家指出，这是西半球史上规模最大的炮战。如同两天前一样，神学院岭的锐利飞石碎片袭击着山上的士兵，但这次轮到南军遭受重创。而北军所在的墓园岭，由松软的页岩、泥岩构成，土壤厚实而潮湿，许多炮弹甚至一头扎进泥土便没了动静，因此北军的损失并不大。

炮战失利后，李将军派南军最后的王牌旅向北军阵地发起冲锋。这是一支来自北弗吉尼亚地区的步兵旅，个个骁勇善战，然而他们需要穿越两山之间的那片半英里（约800米）宽的谷地，这里有大片的碎页岩和粉砂岩，岩质松软，泥泞潮湿。步兵踩在这种地面上，深一脚浅一脚，有时还会陷入泥中，再精锐的部队也无法快速推进。

这支缺乏掩护的王牌部队，直接暴露在北军的枪口下。山上的北军将领看到这一幕，派出来自纽约的洋基步枪旅，让他们一字排开，朝山下的南军精锐射击，如同打猎一般，南军的步兵旅伤亡惨重。与此同时，北军两翼开始向南军侧方移动，南军为了避免被包围，只好后退。

7月4日，大雨倾盆，弹尽粮绝的李将军知道大势已去，只得下令撤退。此战之后，南军精锐尽失，外加物资紧缺，开始转攻为守，南北战争的局势彻底逆转。

当人们复盘这场战斗时，他们发现当地的地形和地质条件对战斗的各个方面都产生了深远的影响，包括战斗的地点、过程以及双方的伤亡情况，等等。更引人关注的是，双方伤亡最为惨重的几次交锋，都发生在石炭纪和二叠纪时期形成的岩层上。

这是何故呢？经过仔细研究，人们发现，石炭纪和二叠纪期间发生了泛大陆聚合事件。这个时期形成的岩层里，有许多在造山运动中由于岩浆上升侵入到地壳浅处而形成的火山岩，辉绿岩便是其中之一。这些岩石硬度高，不容易被侵蚀，因此形成了许多险要的地形，从而对战争的走势产生了影响。

这一发现震惊了世界各地的学者。他们发现，世界上许多地方都存在类似的地质特征。因此，与石炭纪和二叠纪相关的地质区域成了各国军队重点调查的对象。

此战之后，世界各国都开始重视军事地质的研究。军事地质学家在许多国家成为一个单独的职业，并在之后的两次世界大战中发挥了重要的作用。

世界大战中的地质学家

在第一次世界大战期间，英国、美国、沙皇俄国、奥匈帝国以及德国的军队中都已经配备了专业的军事地质学家。以奥匈帝国为例，尽管在武器和战法方面相对落后，但军方非常注重在战争中运用地质学知识。他们组建了一个庞大的地质学顾问团队，其中专业的军事地质学家超过60人，数量位居参战各国之首。

这些军事地质学家们主要负责指导部队进行水源锁定、地形勘测以及挖掘地道和战壕等岩土工程操作。例如，当一支英军进入比利时作战后，工兵们发现当地的地层结构十分特殊，浅层的砂岩里几乎不含地下水。这下可坏了，因为英国工兵们平时的训练科目都是根据英国本土的地质情况设计的，他们只知道如何在地下浅层找水，如果浅处的地层里没有水，他们就束手无策了。

幸运的是，当时随军出征的有一位毕业于剑桥大学的军事地质学家威廉·金，在一番快速勘探后，金在地下深处的一组地层中发现了地下水层，于是他迅速设计出打井方案，指挥工兵打井，帮助

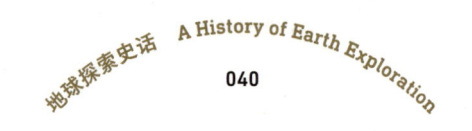

英军成功化解了这次缺水危机。

无独有偶，在第一次世界大战爆发后，悉尼大学的地质学教授塔纳特·戴维主动报名参军，要去支援澳大利亚的宗主国英国。然而，戴维那时候已经56岁了，负责在澳大利亚征兵的英国军官认为他虽然勇气可嘉，但体能上早已不复少年之勇，难以扛起机枪炮管，便把他打发回家了。实际上，戴维根本不是等闲之辈，就在战争爆发前不久，他还深入过南极大陆，不仅抵达了极点，而且第一次成功登顶南极第二高峰埃里伯斯火山。

虽然英军未将戴维收编，但他没有灰心，而是在澳大利亚自发组织了一个由地质学家和矿工组成的工兵营，作为志愿军赶赴欧洲前线。果然，他的队伍发挥了重要作用。当时，德军在英军前进的路上布置了一片地雷区，戴维在进行地质勘查后，采用了从下方掏空地雷的办法。他带领工兵营采用土工掘进的方法，把地道挖到了德军地雷区的下方，然后从地道的"天花板"上，把德军的地雷一个个抠了出来，让英军毫发无损地通过了雷区。

戴维因此成为战争英雄，他的事迹鼓舞了英国各个自治领土和附属国。澳大利亚又成立了两个工兵连，加拿大派来了三个工兵连，新西兰也派来了一支工兵连，这些队伍主要由地质学家和矿业工程师组成，他们的专业知识在挖地下掩体和战壕的时候起到了非常关键的作用。

法国和比利时的军队里虽然没有常设的军事地质学家职位，但他们也在民间邀请了熟悉战区地质条件的人士当顾问。只有意大利军队坚持不启用军事地质学家，结果他们在和奥匈帝国对阵的时候，错把白云岩的山体当作了大理岩，低估了岩石的坚硬程度，导致无法及时完成工事的修建，白白吃了一个大亏。在战争结束之后，意大利人也不得不吸取教训，建立了一个军事地质部门。

第二次世界大战之前，各国对军事地质学的重视程度已经达到了前所未有的高度。例如，早在战争开始前的 1934 年，苏联就出版了一本军事地质学的教科书，名为《战争中的地质学应用》。这本书的初始版本实际是那位帮英军找到水源的威廉·金在 1919 年出版的一本小册子，后来被苏联人翻译成俄语并扩充了内容，成为一本教科书。

苏联红军的训练科目也开始涉及地质学的内容，包括地质学如何应用于修建防御工事、地雷战、供水保障、道路规划、临时机场选址和伪装等方面，甚至还有地质测量和航空影像分析等很先进的内容。等到战争爆发时，苏联有超过 15 000 人从事军事地质的专业工作。

其他欧美参战国也都在军事地质学方面取得了进步。比如，英国成立了专业的跨军种地形部地质科，正式出现了身着军装的地质学家。美国地质调查局也在珍珠港事件之后成立了专业的军事地质组，并且出版了一本军用手册，向全军介绍如何在战场上合理利用地质条件。

说完了盟军这边，再看看轴心国。德国党卫军、国防军，包括空军和海军等各支武装力量里，都有专业的地质学家。到了 1943

年，德军已经拥有了超过40个军事地质作战中心和指挥小组。日本在远东的侵略扩张本身就带有寻找并掠夺石油矿产等资源的意图，所以陆军中有地质学家的参与也是必然的。意大利的军事水平仍旧稍显落后，但是也在工兵部门下成立了一个地质勘探队，主要是负责考察北非战场沙漠地区的水资源分布情况。

此外，从第二次世界大战开始，地质学家还参与战略资源的勘探和开发，比如稀土元素以及石油天然气等能源，因为这些资源对战争来说是至关重要的。到了冷战时期，军事地质学得到了进一步的发展，扩展出了许多新领域，包括地形模拟、隧道探测、遥感技术、沿海防御工事的修建以及军事堡垒的环境保护等。

总的来说，自第二次世界大战以来，军事地质学继续在军事行动中发挥重要作用，包括开发新的武器系统、建设军事基础设施，以及寻找战略资源。到了今天，军事地质学也已经发展成了一门非常庞大且专业的学科。

PART 2
第二章
大地之怒
揭露地震与火山的真相

4. 地震学

▪ 从废墟中崛起 ▪

里斯本大地震

1755 年 11 月 1 日，一场大地震袭击了葡萄牙的首都里斯本。这场灾难引发了海啸和大火，几乎将整个城市夷为平地。据估计，仅在里斯本市区就有 80 000 多人死亡，占城市人口的三分之一。此外，葡萄牙的其他地区也遭受了不同程度的破坏，北非、西班牙、英国和法国的沿海地区也遭到海啸的袭击。根据后来的研究，这次地震达到了里氏 9 级，是地球有史以来强度最大的地震之一。

这场大地震对葡萄牙的打击是致命的。里斯本市区几乎所有的建筑都被摧毁，许多珍贵的历史文物，包括葡萄牙航海家达·伽马的航海日志，都在震后的火灾中付之一炬。港口的货物几乎全部损坏，商人们一夜之间丧失了所有的财产，甚至包括王室成员的库藏也被巨浪一扫而光，这使得葡萄牙的国家财政濒临崩溃。更糟糕的

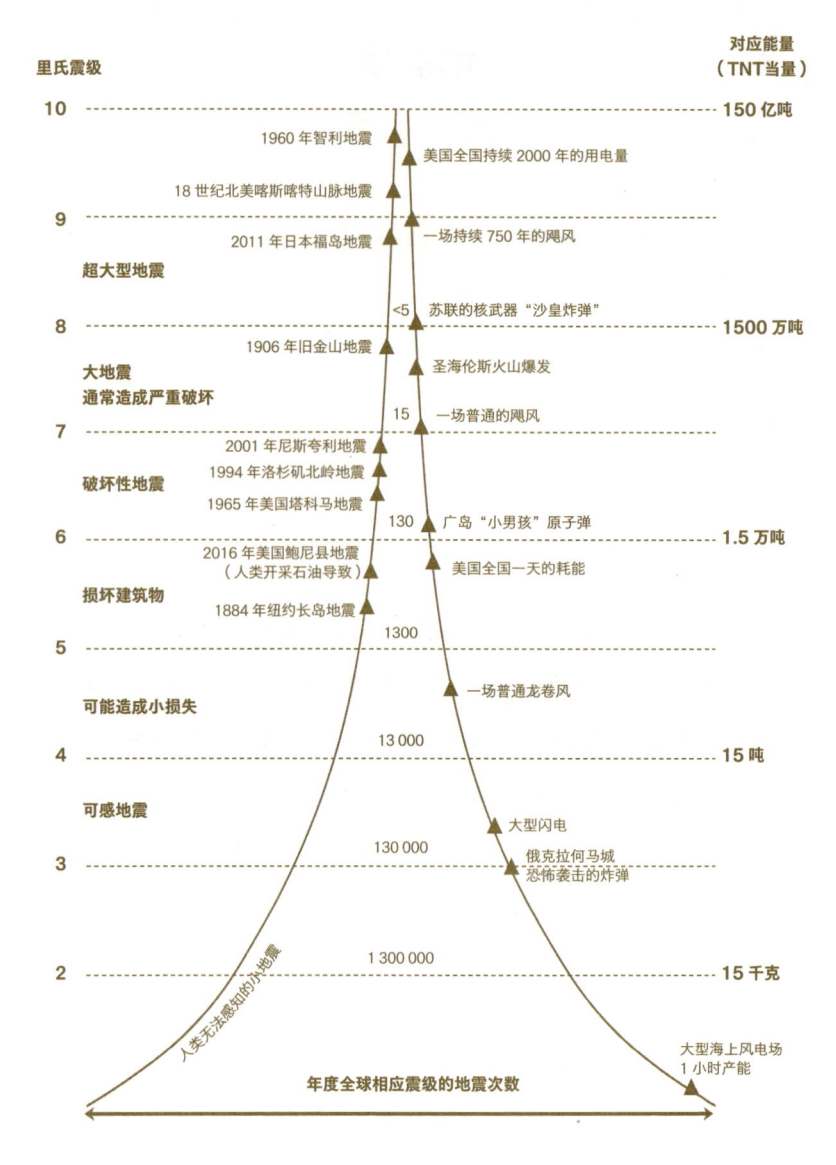

地球探索史话 A History of Earth Exploration

里氏震级 / 对应能量（TNT当量）

里氏震级	事件	对应能量
10		150亿吨
	1960年智利地震	
	美国全国持续2000年的用电量	
	18世纪北美喀斯喀特山脉地震	
9	2011年日本福岛地震	
	一场持续750年的飓风	
超大型地震		
	苏联的核武器"沙皇炸弹"	
8	<5	1500万吨
	1906年旧金山地震	
大地震	圣海伦斯火山爆发	
通常造成严重破坏		
	15 一场普通的飓风	
7	2001年尼斯夸利地震	
	1994年洛杉矶北岭地震	
破坏性地震	1965年美国塔科马地震	
	130 广岛"小男孩"原子弹	
6	2016年美国鲍尼县地震	1.5万吨
	（人类开采石油导致）	
	美国全国一天的耗能	
损坏建筑物	1884年纽约长岛地震	
5	1300	
	一场普通龙卷风	
可能造成小损失		
4	13 000	15吨
可感地震	大型闪电	
3	130 000 俄克拉何马城恐怖袭击的炸弹	
2	1 300 000	15千克
人类无法感知的小地震		大型海上风电场1小时产能

年度全球相应震级的地震次数

- 1935年，美国人查尔斯·里特尔提出了里氏震级的概念，这一度量标准至今仍被广泛使用是，这场地震恰好发生在天主教的重要节日——万圣节，这让幸存者们开始胡思乱想一些关于宗教的问题，最终甚至导致罗马教廷和葡萄牙耶稣会的决裂。这场自然灾难标志着老牌殖民帝国葡萄牙的彻底衰落，从此以后，葡萄牙完全退出了世界一流强国的行列。

对葡萄牙来说，遭遇这场颠覆国家命运的地震，无疑是巨大的不幸。然而，如果从科学发展的角度看，这场地震却带来了深远的影响和宝贵的收获。这主要归功于负责灾后重建的那位官员——时任葡萄牙国务卿的塞巴斯蒂安·若泽·德卡瓦略·梅洛，他后来受封庞巴尔侯爵，因此常被后人称为庞巴尔。

庞巴尔走马上任后以坚定的决心和雷霆手段，迅速摆平了那些阻碍城市重建的狂热宗教信徒。然后，他以全新的视角重新设计了这座城市。吃一堑长一智，庞巴尔说："如果只是简单地将里斯本恢复到地震之前的模样，那么这座城市早晚会再次毁于一场地震。"他希望在废墟之上建造出一座更好的城市，于是亲自参与了城市街道布局以及建筑结构的重新设计。

他设计的建筑被称为庞巴尔风格，其实严格来说这并不是一种建筑风格，更像一种建筑标准，而且通常被认为是世界上第一个建筑抗震标准。庞巴尔风格的新建筑采用了创新的"笼式"设计，房屋的主体结构由嵌入墙内的木质框架组成，然后在框架上覆盖预制板材。重建房屋所用的板材都是全新的，庞巴尔在里斯本郊区开设了建材厂区，将预制板材制作完毕后分块运输进城，然后现场组装。据说，庞巴尔还用小号模型进行了实验，结果证明这种模式

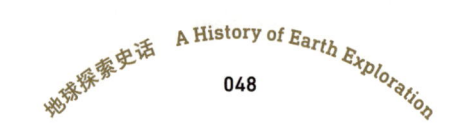

的建筑对地震的抵抗力更强，庞巴尔将其描述为"会晃动，但不会倒塌"。

除了建筑本身以外，重建后的里斯本街道被规划得更宽阔，这一设计主要有两个目的。首先，在紧急情况下，宽阔的街道便于逃生。其次，宽街大道可以作为防火带，防止火灾再次蔓延全城。经过重建，里斯本的面貌焕然一新，过去那些狭窄弯曲的街道已被改造成棋盘式格局的宽阔大街，城区还遍布了许多广场。这种新的城市布局已经接近现代化的设计，开阔的空间、充足的采光和良好的通风条件成为里斯本的新特色。这些特色正是大多数中世纪欧洲老城市的居民们梦寐以求的。

地震学的开创

在引领城市重建的同时，庞巴尔还额外承担了一项使命：收集与这场地震相关的信息。在里斯本以及葡萄牙的其他城市，他热衷于向幸存者询问各种问题，诸如：当时你身在何处？周围是否有山脉或矿场？附近是否有天然泉眼？地面的震动持续了多久？震感有多强烈？你周围的建筑物是什么材质的？是否发生了倒塌？地震发生前和结束后有没有什么异常现象？河水和井水是否发生了改变？他将幸存者们的回答一一记录下来，整理成册后存入档案馆。这些珍贵的资料至今仍保存在葡萄牙东波塔国家档案馆中。

庞巴尔这看似简单的举动，却为后人研究这场地震提供了无比珍贵的资料。现代科学家通过对比这些幸存者的叙述，能够从科学的角度重现地震场景。根据现有的历史资料，里斯本大地震之前从未有过如此详细的地震记录。尽管康德、卢梭和伏尔泰等大师都曾或多或少地对里斯本大地震发表过看法，但他们更多的是从哲学和启蒙思想的角度来解读这场地震。而庞巴尔则不同，他是第一个尝试客观科学地描述地震的人。

从本质上讲，在里斯本大地震之前，人们普遍将地震视为上帝的惩罚。虽然亚里士多德曾试图用"地底下的风"来解释火山和地震，然而这一思路并未得到广泛认同。其他古文明也有过对地震的记录，比如中国在汉朝的时候就有关于地震仪的记载，然而地震等自然灾害却被儒生们用来解释为王朝的衰落，成为中国传统哲学体系中"天命"对昏聩君主的回应。庞巴尔将地震理解为受物理定律约束的自然现象，并非神的愤怒或天命的显现，因此他被视为现代地震学的创始人。

庞巴尔留下的地震资料很快便发挥了重要作用。几年以后，英国的约翰·米歇尔得到了这些资料，开始深入探究这场地震的成因。

天才科学家：从黑洞到地震

在科学的历史长河中，米歇尔是一位被严重低估的大师级科学家，和同时代那些段位相似的同行相比，他至今都算是默默无闻，甚至连一幅肖像都没有留下，我们只能从历史档案的只言片语中得知他身高不高，肤色偏黑，而且长得很胖。但就是这个其貌不扬的人，一生做出了太多的科学贡献。

米歇尔于1724年出生于英国诺丁汉郡的一个牧师家庭，他在剑桥大学毕业后留校任教，主讲神学和数学，后来又主讲自然哲学和博物学。这位探索者对宇宙的奥秘充满热情，他是第一个将统计学知识运用到天文学领域的人，尤其喜爱钻研天体引力相关的问题，并因此成为研究双星系统和黑洞的先驱者，霍金在《时间简史》中还专门提到过他的贡献。

除了仰望星空，米歇尔也会关注其他的领域。当里斯本大地震在欧洲引发广泛讨论时，米歇尔决定深入研究。他分析了庞巴尔留下的翔实资料，并提出了一个开创性的理论——地震是由地壳内的"移动质量"引起的。他说，地壳内的岩石有极限弹性，当外力作用使岩石的扭曲超过弹性的极限时，岩石就会发生断裂，裂痕两侧的物质就会释放剩余的弹性，在释放弹性时，这些厚重的岩层会相互碰撞或摩擦，从而导致灾难性的后果，这便是地震的成因。

从现代视角看，米歇尔所提到的"移动质量"及"地壳中的断裂"，就是我们今天所说的走滑断层，它在1888年新西兰北坎特伯雷地震中得到了新一代学者们的证实。而米歇尔所说的积聚和释放弹力，就是今天构造地质学领域常用的"应力""应变"以及"弹性回跳"等概念的雏形，这些理论在1906年的旧金山大地震后也

- 走滑断层（断层的三大类型之一）示意图。走滑断层两侧的物质沿水平方向相对滑动

得到了地质学家们的承认。在米歇尔的时代，这都是极具前瞻性的见解。

在提出了地震成因的理论后，米歇尔对庞巴尔留下的记录进行了深入分析。虽然这些记录看似平淡无奇，仅仅是幸存者的口述，但米歇尔凭借敏锐的洞察力，从这些枯燥的文字记录中发现了许多耐人寻味的细节。他注意到，震动开始的具体时间在不同地点是有差异的，而且这种差异似乎在空间上呈现出某种规律。他发现，靠近海岸线的地方往往比内陆地区震感更早。

对此，米歇尔进一步分析指出：这场地震有一个位于大西洋海底的中心点，那里是地壳发生断裂的区域。在中心点处，"移动质量"在地壳内部引发了广泛的震动,而这种震动以波的形式,从中心点向外辐射传播,犹如向池塘投掷石块时水面上荡漾开的涟漪。此外,他还从幸存者的叙述中发现,震动波似乎分为两组,一前一后地抵达同一地点。

米歇尔对细节的敏锐捕捉令人叹服。地震的中心点就是我们今天所说的震中;从中心点犹如涟漪般向外传播的震动,正是现代人所熟知的地震波;而相继到来的两组震动,则是地震学中的P波和S波。而且,米歇尔还对余震进行了深入剖析,他指出,主震后发生的那些较小的震动,源于地壳为达到新的平衡状态而进行的内部调整。

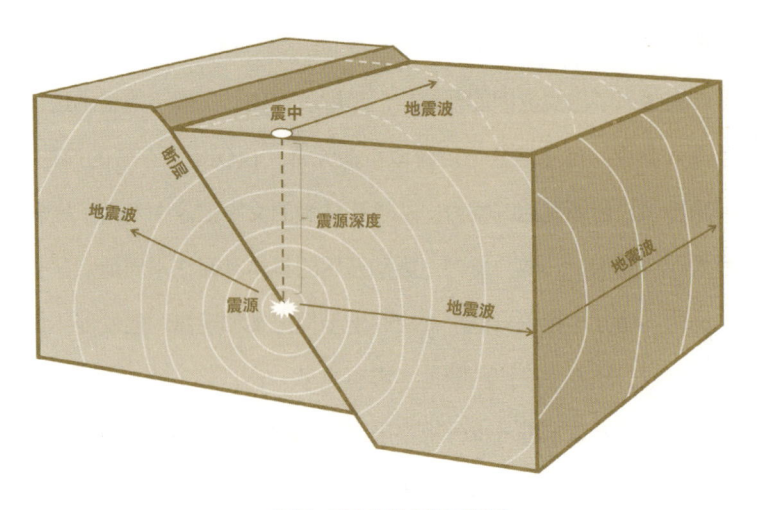

• 震源、震中和地震波示意图

P波 P波的两种含义
Primary wave：初至波
Pressure wave：纵波

挤压　　挤压

地震波传导方向

拉伸　　拉伸

S波 S波的两种含义
Secondary wave：次生波
Shear wave：横波

地震波传导方向

波长

- P波与S波示意图。地震发生后，P波会率先到达观测站。P代表"主要"（Primary）或"压缩"（Pressure），其传播的方向与介质中的质点运动方向平行。S波会晚于P波抵达观测站。S代表"次要"（Secondary）或"剪切"（Shear），传播时，其介质中的质点会上下或左右震动。P波能穿过固体、液体和气体，而S波只能在固体中传播。P波给人的感受是上下颠，S波则是摇晃

现代地震学的发展

米歇尔所提及的这些概念，构成了现代地震学的基本原则。虽然他的理论在当时尚未完善，但这无疑是人类研究地震的第一道曙光。他以其敏锐的观察和严谨的逻辑，为理解地震的本质做出了卓越的贡献，同时为后世的学者们树立了研究地震的典范。从那以

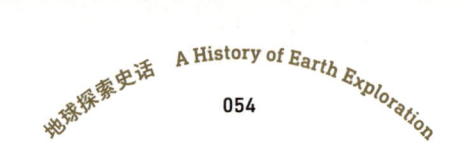

后，众多科学家纷纷涉足地震学领域，使得地震研究受到前所未有的重视和关注。

1783年，意大利南部的卡拉布里亚发生了一次强烈地震。在这次地震之后，欧洲各地的科学家们组成了一个研究委员会，深入分析了这场地震，其中也包括米歇尔。他们验证了地震波的存在及其传播方式，开启了地震学的新篇章。自此，地震学不断发展壮大，许多学者开始致力于研究地震的成因、强度以及地震期间的放电现象。包括洪堡和查尔斯·莱伊尔在内的著名学者，也开始研究地震和火山之间的联系，拓展了人们对于地球自然现象的认识。

由于长期对地震的研究，米歇尔对天文学保持浓厚兴趣的同时，也深深地被地质学所吸引。随后，他投身于地质学的研究工作，特别是对山脉的内部结构进行了深入探索，为沉积学和大地构造学的发展奠定了基础。

然而，米歇尔并未止步于此。他将目光转向了一个更具挑战性的问题：地球到底有多重？他坚信，地震的发生是由于地壳中的"移动质量"所导致，但这个质量究竟有多大，却无人能直接测量。连地震震中区域的地壳质量都难以测定，更不用说整个地球的质量了。

地球质量问题的研究占据了米歇尔的晚年生活。经过反复思考，他终于想出了一种方法来测定地球的质量：利用连着铅球的扭秤测量万有引力常数，从而推算地球的质量。然而在实验完成之前，米歇尔就于1793年去世了。幸运的是，他设计的扭秤被同事转交给了他的好友亨利·卡文迪许。1797年，卡文迪许沿用米歇尔的方法成功完成了实验，测出了万有引力常数和地球的质量。

尽管米歇尔的贡献被淹没在科学史的浩瀚海洋中，但他彻底改变了人类对地震的认知。自他之后，地震学的进步如同喷薄而出的泉水，每一次大地震都推动着地震学知识的革新。例如，1857年意大利那不勒斯大地震后，爱尔兰工程师马利特绘制了历史上第一幅立体地震波图，并利用新诞生的摄影技术记录了地震造成的破坏；1889年日本本州岛的一次地震后，远在德国波茨坦的地震仪测到了地震波，这是人类第一次远距离采集到地震波，为后来的全球地震观测及地球内部成像奠定了基础；1891年日本浓尾大地震后，人们从地面的大规模开裂中认识到断裂带的规模；1897年印度阿萨姆邦地震后，人们通过远距离观测，证实了P波和S波的存在……

进入20世纪，地震波成为人类探索地球内部圈层结构的得力助手。1909年，克罗地亚库帕河谷发生了一场地震，地震学家安德里亚·莫霍洛维奇利用这次地震产生的地震波，发现了地壳和地幔之间的分界，也就是我们常说的"莫霍面"。

1913年，德国的贝诺·古登堡汇总了多次地震的数据，对地震波在地球深层的传播状态进行了计算。他推测，地球的中心有一个熔融的液态地核，它让P波发生了折射和反射，又阻挡了无法穿过液体的S波，因此在地球背面形成了地震波的阴影区。据他推算，地幔和地核的交界面在地下大约2900千米处，也就是"古登

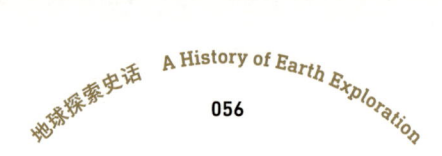

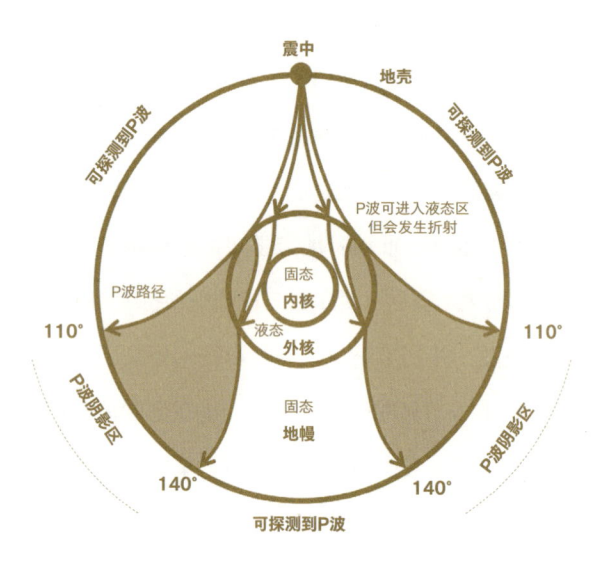

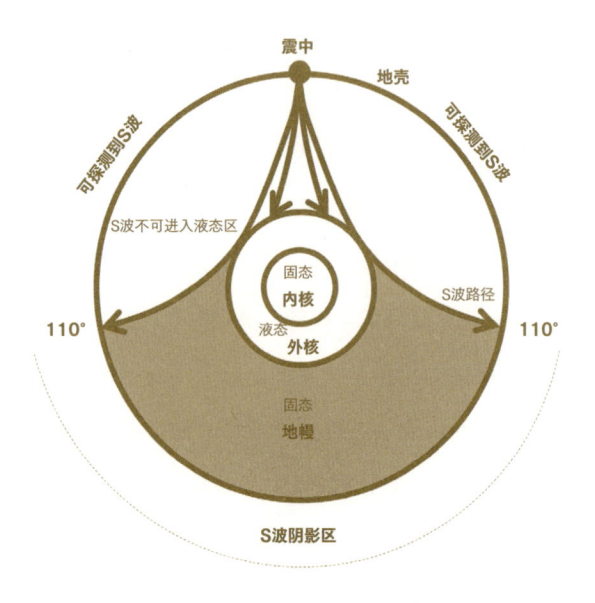

• 地球内部地震波传播示意图

堡不连续面"。

1929年,新西兰发生了一次大地震,远在丹麦的女科学家英奇·雷曼收集了详细的地震波信号。她发现,理论上应处于阴影区内的监测站竟然收到了P波信号。雷曼对此进行了数学推演。在古登堡的基础上,她在1936年进一步完善了地球的圈层模型,重新划定了P波阴影区的范围,并宣布地球的液态外核中还隐藏着一个固态的内核。

如今,当我们继续深入探索地震的奥秘时,我们都会行走在庞巴尔和米歇尔所铺设的道路上。他们摒弃了神学的解释,开始在自然法则中寻找答案,从而将人类引向了理性和科学。那场具有灾难性的里斯本地震也在提醒我们,科学的进步源自危机和严酷的考验,灾难来临,往往也伴随着科学发展的机遇,需要敏锐且细心的人去寻找并抓住它们。

5. 火山与文明

- 从罗马帝国到殖民时代 -

古人的火山认识

在地球生命演化的宏伟长河中,火山扮演了独特的角色。它不仅雕塑了我们星球千变万化的表面,还深深影响着地球的气候、生物多样性,甚至人类文明的诞生与发展。火山的喷发,无论是瞬间的灾难性事件,还是地质年代中改变陆地的微妙力量,都给地球的演化史增添了丰富多彩的篇章。

自古以来,人们就在试图去理解大地喷烟吐火这危险又壮丽的自然现象。在历史的早期,火山被视为一种能够创造和毁灭的神圣力量。在土耳其加泰土丘新石器时代早期的地图文物上,当地哈森火山的身影赫然显现,不难想象,6000多年前的那次火山爆发给当地的先民们带去了怎样的震撼。

到了古典时期,古希腊哲学家们是最早尝试在逻辑和观察框架内理解火山现象的群体，他们希望在自然哲学的范畴内解读火山，而不是仅仅将其归因于神的干预。其中一位关键人物是恩培多克勒，他认为所有的物质本质上都可以归结为土、空气、火和水这四种元素，而火山则是火和土两种元素相互交融、相互作用的结果。

亚里士多德进一步发展了恩培多克勒的理论，他提出，地球内部也存在着风，这些地底下的风会引起地震和火山活动。据他所说，当风被困在地下并快速而剧烈地移动时，不仅会引发地震，还会与岩石发生摩擦，从而升温、着火，形成一股流动的烈焰。一旦这股烈焰找到地面的薄弱之处，就会破土而出，形成火山爆发的壮观景象。在古希腊和古罗马时代，类似的观点还有很多，虽然与我们现代对火山的理解相比，这些早期的解释往往是错误的，但它们仍然具有积极的意义——标志着古典时期的欧洲人对周围自然世界的推理在逐渐进步。

欧洲人在研究火成岩方面具有得天独厚的优势，毕竟火山活动在欧洲文明的核心区域非常活跃。与此相反，古代中国的核心区域（东至大海，西至陇蜀，南至两广，北至长城）基本没有活跃的火山活动，中国境内的火山如东北长白山、云南腾冲、新疆昆仑山等，在古代都属于偏远地区，甚至有些古人未曾到达这些地域。这也难怪中国古人对火山的了解比较有限。

相比之下，波斯地区（今天的伊朗）的古人对火山稍有了解。波斯东部的俾路支地区有一些活火山，其中比较著名的有塔夫坦火山。然而，与欧洲相比，波斯地区火山的数量也不算太多。其他重

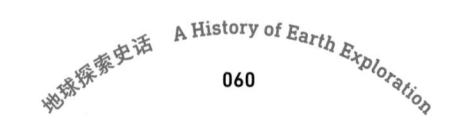

要的古文明区域，如印度、中南半岛和两河流域，当地人对火山的了解更是有限。因此，欧洲地质学家真是幸运，火山活动直接出现在他们的主场，尤其是在意大利和希腊。对于欧洲人来说，了解历史上的火山喷发现象已经如同家常便饭一般——比如维苏威火山和庞贝城的故事。

老普林尼与庞贝的毁灭

可以说，在欧洲自然科学历史的早期阶段，庞贝城的毁灭可谓重要事件。公元79年8月24日，意大利那不勒斯湾附近的维苏威火山猛烈爆发，喷发的岩浆、火山灰、浮石和有毒气体将山脚下的几座城镇彻底吞噬，其中包括罗马帝国的掌上明珠——庞贝城，以及另外两个位于海湾的小港口——赫库兰尼姆和斯塔比亚。

当维苏威火山爆发时，罗马帝国的官员老普林尼正好率领一支海军舰队驻扎在那不勒斯湾北侧的米塞诺角。老普林尼原名盖乌斯·普林尼·塞孔都斯，他曾是罗马帝国的封疆大吏，担任过西班牙地区的代理总督。然而，与他的政治生涯相比，老普林尼对自然科学的热爱则更胜一筹，他用自己的所学所知编写了西方古典时期最具代表性的百科全书《博物志》。

在老普林尼生活的时代，维苏威火山已经沉寂了很久。在它爆发之前大约150年，斯巴达克斯的起义军甚至在这座山上建立过大本营，把前来围剿的罗马军队打得抱头鼠窜。然而，没人知道这座山居然是一座火山。公元79年，维苏威火山突然爆发，让老普林尼措手不及。作为一名热衷自然的观察者，他立刻命令舰队出海，前往那不勒斯湾的海面上寻找一个视野好的角度，以便观察这一前所未见的自然奇观。

老普林尼有个侄子（名义上也是养子），人称小普林尼，一直跟随在他身边。小普林尼预感到大事不妙，他劝叔叔不要出海，离火山远一点。但老普林尼完全不在意侄儿的忠告，固执地要亲自去观察这场壮观的火山爆发。毕竟，这种近距离观察火山的机会是如此难得，他想要看个明明白白。他并未意识到，这将会是一场毁灭性的灾难。

从火山口喷涌而出的炽热岩浆、火山灰和浮石如雨点般覆盖了周围的城市，那不勒斯湾沿岸的居民陷入了深深的恐慌。此时，已率领舰队到达海湾中央的老普林尼看到海湾南岸斯塔比亚港口的灯塔发来了求救的灯光信号。这个信号是他的两个朋友（一位罗马参议员和一位他熟悉的姑娘）发出的。火山爆发引起的冲击波在海湾内掀起了巨浪，这两个人乘坐的船只被困在了海岸边上，无法离开岌岌可危的斯塔比亚港口，只能通过灯塔的灯光信号向罗马海军求救。

老普林尼命令舰队全速驶向海湾南岸，全然不惧滚滚浓烟和漫天的灰烬。然而对于老普林尼来说，这场和火山的比赛显然是赢不了的，火山碎屑流的温度可高达500℃，飞落速度更是达到了每小时150千米，远远超过了罗马舰队的速度。在这危急关头，曾经战无不胜的罗马海军士兵们逐渐意识到，他们即将面对的敌人有多么可怕。

当舰队逐渐靠近海岸时，他们突然遭遇了一场由浮石引发的"狂轰滥炸"。浮石是一种在剧烈火山喷发过程中形成的火山碎屑岩，这种岩石内部有许多小孔，导致其密度较低，能够浮在水面上。它由硅含量很高的岩浆凝结而成，这种岩浆具有黏度大、不易流动的特点，就像胶水一样。由于这种黏稠岩浆的存在，火山喷发时的能量无法得到充分释放，反而越积越多。就像一只瓶子被紧紧地封住瓶口，里面的气压越来越高，直到最后炸开，引发毁灭性的剧烈喷发。这场袭击了舰队的浮石雨，是维苏威火山喷发剧烈程度的证明之一。

老普林尼身边的士兵们深感形势严峻，纷纷劝他放弃行动，因为强行靠岸实在是太危险了。然而，老普林尼坚持冒险救援，他站在船头，引用剧作家泰伦提乌斯的名句，慷慨激昂地命令士兵们："命运会眷顾勇敢的人！向参议员的方向，前进！"

这个决定最终要了老普林尼的命。当舰队靠近海岸时，老普林尼才看清，昔日繁华的斯塔比亚港口早已在火山灰和浮石的摧残下变成了燃烧着的残垣断壁。城内城外聚集着从庞贝逃过来的人。

此时，距离火山更近的庞贝城已经被火山碎屑流彻底摧毁，惊恐万分的幸存者们难以相信，自己曾经生活的那座被誉为南方海滨明珠的城市——经历过第二次布匿战争、同盟者战争、斯巴达克起义以及数次大地震而屹立不倒的坚城庞贝，竟然在一夜之间从地图上消失无踪。

老普林尼在斯塔比亚港口寻觅着他的朋友们，但只找到了参议员一人，没有人知道那位姑娘的下落。此时，火山喷发已达到了高潮，而风向正巧转向了海湾南岸，火山灰和巨浪一股脑儿地冲向了斯塔比亚。由于老普林尼此次出海乘坐的是相对较轻的小型战船，而非主力战舰，因此连他的罗马海军也陷入险境了。

看着斯塔比亚的建筑一座座坍塌，焦虑如瘟疫般在士兵们的心中蔓延。为了安抚部下，老普林尼和参议员在一座相对完好的建筑内安排了一场聚餐和派对。然而，在这个节骨眼儿上，士兵们哪里还有心思享受美食呢？随着浮石不断落下，建筑物摇晃得越来越剧烈，恐惧驱使他们从建筑中撤离出来。突然，一块浮石砸中参议员的脑门，瞬间就送了命。

见到这一幕，曾经在战场上无所畏惧的罗马士兵们崩溃了。面对如雨点般坠落的浮石以及逐渐迫近的火山灰云，他们陷入了前所未有的恐慌，和周围那些普通居民一样，如同被鬼魅追赶一般四处奔逃，就连贴身卫队也丢下主帅老普林尼一哄而散了。

3日之后，恐怖的火山灰随风消散，返回斯塔比亚的人们在一堆浮石之下找到了老普林尼的遗体。可惜这位曾经叱咤风云、文武双全的老普林尼，最后却如蝼蚁一般死于非命。据说他的身上并未发现明显的外伤，因此很有可能在被浮石埋没之前，就已经死于有毒的火山烟雾之中了。

火山喷发：直插天际的"松树"

在火山爆发期间，因为风向的关系，位于那不勒斯湾北岸的米塞诺角军港幸运地逃过了火山灰的侵袭，小普林尼躲在那里详细地记录下了火山喷发的整个过程。在给他的朋友、历史学家塔西佗的两封信中，小普林尼描绘了他所目睹的景象，那是一幅举世罕见的惊人画面，他形容道："一朵云从火山顶部升起，犹如一棵直插天际的松树，我无法用语言给出更精准的描述。"

他观察到云从火山喷发出来，逐渐扩散直至达到极限高度，而其底部仍与山顶相连——我们现在明白，他所描绘的就是所谓的火山喷发柱和碎屑流。自那时起，这种形似松树的火山喷发柱被命名为"普林尼柱"，若火山喷发呈现出普林尼柱，则该喷发就被归类为强烈喷发。

小普林尼还细致地记录了与火山喷发相关的各种现象。例如，火山喷发前几无异常征兆，除了几次规模不大的地震。喷发时，大量的火山灰袭击了那不勒斯湾海面的船只，而浮石雨则侵袭了周遭的城镇。小普林尼也捕捉了人们面对灾难的反应，虽然米塞诺角幸免于难，但白天突然变成伸手不见五指的黑夜，以及纷纷扬扬飘落的滚烫尘埃和偶尔砸下的浮石，还是引发了巨大的恐慌和混乱。

人们把枕头绑在头上，以抵挡四溅的火山浮石碎片；很多人以为世界末日来临，甚至以为自己已身处地狱之中，他们开始虔诚地忏悔。当情况稍有好转，人们尝试从户外撤离时，小普林尼记录了惊慌失措的人群在厚厚的火山灰下逃离的混乱场景。许多人因吸入火山灰而窒息，更多的人在互相拥挤践踏中倒下。

总体而言，小普林尼的详细目击描述为人们了解自然灾害提供了宝贵的资料，并为后代对火山的科学理解做出了巨大贡献。这份笔记在接下来的上千年时间里，一直是欧洲人研究火山活动的重要材料。从此之后，像维苏威火山这一类伴随着"松树"般的高大火山喷发柱、浮石雨和激烈气体爆发的火山喷发，被命名为"普林尼式喷发"。这个名词至今仍在广泛使用。

普林尼式喷发的特征在于其持续喷发至平流层的由岩浆、火山灰、浮石和气体组成的喷发柱。当喷发柱在自身重量作用下崩塌时，其内的物质会沿着山坡迅速滑落，并散播至广大区域，继而引发由快速移动的热气体和岩石碎片组成的火山碎屑流，具有极大的破坏性。小普林尼所描述的那种"松树"形状的火山喷发柱，是由不同高度的风速差异所导致的，使得柱体顶部向外扩散，而底部仍相对狭窄。此外，它还受到作用在喷发柱内不同颗粒的浮力影响，颗粒的密度和浮力大小决定了喷发柱的形状。小普林尼的这些观察对于理解爆发性火山活动具有至关重要的意义。他的叙述为我们提供了对这些强大自然现象的早期记录。

火山之地：殖民野心之所在

尽管已经过去了上千年，庞贝古城的故事仍然在欧洲广为流传。文艺复兴之后，许多欧洲贵族和学者们，每每前往意大利旅游时，总要去拜访维苏威火山和更为活跃的埃特纳火山。然而，随着

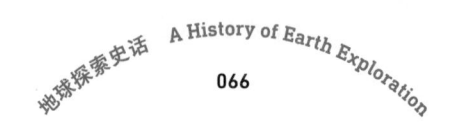

大航海时代的开启和地理大发现的序幕拉开，大多数欧洲人对火山的关注点开始发生变化。他们不再关心火山爆发的详细原理，而是更热衷于在世界各地寻找更多的火山——因为在某种程度上，火山意味着肥沃的土地，而肥沃的土地则意味着新的殖民地。

现代土壤科学告诉我们，火山灰和熔岩流中的一些矿物质和营养成分会因为风化作用而融入土壤，使得土壤非常适合农业耕种。尽管欧洲人在大航海时期并不知道这一科学原理。但他们自古以来就观察到火山周围的土地特别肥沃，例如意大利人一直都知道，维苏威火山和埃特纳火山的山坡下遍布郁郁葱葱的葡萄园。早在古希腊时期，亚里士多德的学生泰奥弗拉斯托斯就已经指出，火山灰明显地改善了土壤质量，这一现象后来被称为"火山肥力效应"。

在近代早期，大航海和殖民活动让欧洲人有机会接触到全球各地的不同景观，其中包括许多火山密集的地区。在中美洲地区，加勒比海的小安的列斯群岛是一个典型的火山岛弧。葡萄牙的水手在马德拉群岛、亚速尔群岛以及加那利群岛等大西洋的火山岛屿上，开辟了繁荣的葡萄种植园。当西班牙的征服者们到达墨西哥高地时，他们发现当地的阿兹特克人一直在肥沃的火山土壤上种植玉米和豆类等农作物。

这些经历让西班牙殖民者中的地理学家认识到，在火山附近定居具有潜在的好处。尽管存在火山爆发的风险，但肥沃的土壤带来的经济效益足以抵消潜在的灾难。于是，西班牙人迅速在火山周围建立了咖啡、甘蔗和香蕉种植园，例如墨西哥的波波卡特佩特尔和危地马拉的帕卡亚。这些种植园以丰富的食物供应维持了殖民地的繁荣。后来的欧洲殖民者们陆续在火山附近建立了一个个据点和城市，这些定居点的繁荣在很大程度上的确得益于肥沃的火山土壤所带来的高产的农产品。

除了农业，火山在殖民时代也赋予了欧洲列强无可比拟的战略优势。为了探寻浩瀚大海中的火山岛，欧洲各国往往会派遣探险家和测绘专家。这是因为火山岛常常位于海上航线的关键位置，具有天然港口、补给资源以及军事上的地缘优势。

比如，北大西洋的佛得角群岛、加那利群岛和亚速尔群岛都与火山活动息息相关。在大航海时代，它们不仅提供淡水和食品补给，还是船队在穿越大西洋之前抵御海盗的庇护所。它们处于重要的战略位置，是欧洲本土和美洲、非洲殖民地之间航行的中转站，有助于控制利润丰厚的奴隶贸易路线，因此成为16—18世纪奴隶贸易的重要基地。

位置更北的冰岛虽然不是传统意义上的殖民地，但这座大型火山岛的渔业资源和军事价值却引起了几大欧洲强权的关注。在17世纪末，法国曾在冰岛东海岸建立据点，旨在开发当地的渔业资源，同时维护其在北大西洋地区的战略利益。

加勒比地区的圣基茨和尼维斯是欧洲人在西印度群岛早期定居的殖民地之一。那里肥沃的土壤支撑着利润丰厚的甘蔗种植园的发展，而其港口则强化了对该区域海上航线的控制。这个地理位置优越、土壤肥沃的群岛在17—18世纪期间甚至引发了英国和法国殖

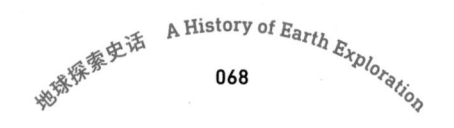

民者的激烈竞争。

留尼汪岛位于印度洋连接欧洲与澳大利亚的主要航线上，拥有世界上最活跃的火山之一——富尔奈斯火山，因此具有巨大的潜在军事利益。法国在殖民时代将其纳入囊中。而在太平洋上，火山众多的夏威夷群岛在19世纪成为美国捕鲸船的重要补给站，鉴于其重要的战略位置，美国将它逐步发展成一个重要的枢纽，并最终成为其第50个州。日本在成为新兴列强后，也占据了硫磺岛、塞班岛等一系列地理位置重要的太平洋火山岛屿，在第二次世界大战期间，美军和日军曾围绕这些岛屿展开激烈的战斗。

火山地区往往因为富含宝贵的矿物资源而成为颇具吸引力的开采目标。因此，地质工程师往往也会成为首批入驻火山岛的殖民者。例如，火山能够提供重要资源——硫黄。从殖民时代开始，硫黄被广泛应用，包括生产火药、制造硫酸等工业化学品，甚至还有药用价值等。一个典型的例子就是爪哇岛的卡瓦伊真火山群，那里拥有世界上最大的天然硫矿藏之一，在殖民时代吸引了荷兰人的目光。尽管环境恶劣、工程危险，但荷兰在占领此地后，仍旧在危机四伏的火山口里开采硫黄资源，并获得了巨大利益。

还有一些火山景观则摇身一变，成为备受欢迎的旅游目的地或疗养胜地。从殖民时代起，它们便吸引着欧洲上层人士寻求"异国情调"体验或火山温泉体验。例如，新西兰罗托鲁阿地区的温泉在英国殖民时期成为重要的海外旅游景点。通过这些方式，火山在殖民时代受到了欧洲人的追捧，并对殖民模式产生了深远的影响。

随着现代地质学的诞生，一些地质科考探险活动开始瞄准偏远的火山岛。这些考察既服务于科学目的，也服务于地缘政治目标。比如，英国探险家詹姆斯·库克的横渡太平洋的航行，不仅绘制了包括新西兰在内的许多火山岛的地图，还为后来英国对这些海外领土的主权主张奠定了基础。同样，在拿破仑时代，博物学家圣文森特领导的法国探险队对留尼汪岛进行了考察，将对火山的科学研究与法国在该地区的殖民主张结合起来。这些考察活动使火山融入了更为复杂的国家利益博弈之中——它们独特的地质属性影响了几个世纪以来人类探索、定居和冲突的模式。

殖民主义与火山科学

我们必须承认，殖民时期留下的目击记录、官方信件、政府文件、船舶日志等档案为我们提供了有关火山喷发的详细报告，其中蕴含的许多有价值的信息是无法仅凭地质考察得知的，因此具有极高的科学价值。例如，1717年危地马拉富埃戈火山喷发时，统治当地的西班牙人留下了大量书面记录，他们汇编的文件记录了有关这次火山爆发的诸多地质信息以及具体的喷发时间和影响。这些记录为后世火山研究提供了宝贵的资料。

在这些档案的生成过程中，涌现出了一批杰出的早期火山学家，他们为火山学及更宏观的地质学发展贡献了巨大的力量。然而，受时代背景的影响，这些在殖民地工作的火山学家通常也持有

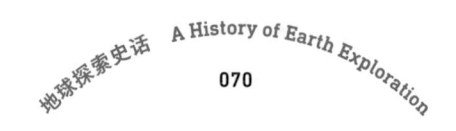

较为极端的种族主义和殖民主义观念，他们的成就往往伴随着对殖民地原住民的压迫。

活跃于19世纪末至20世纪初的德国火山学家卡尔·萨伯便是一个成就卓越但充满争议的人物。他曾在中美洲的危地马拉生活了12年，在此期间他开展了广泛的火山科考，取得了丰硕的学术成果。从严格意义上来说，他是世界上专门研究火山的早期学者之一，因为在他之前，关于火山及火成岩的研究主要由其他领域的地质学家兼任（比如后面将会介绍的维尔纳和赫顿）。

萨伯改变了这一现状，成为火山学的专职学者，他收集了自1500年以来世界各地大型火山喷发的数据，并提出了基于喷发物质总量的火山活动量表，用于表示火山爆发的剧烈程度。这一创新影响深远，甚至在20世纪70年代英国气象学家哈波特·兰布研究火山灰与气候变化的关系并提出火山灰尘指数时，仍有30%的数据是基于萨伯当年整理的资料。

萨伯在学术上成就斐然，但在思想上，他却是一个不折不扣的种族主义者和殖民主义者。在研究火山之余，他"巧妙地"将科学知识与危地马拉咖啡种植园的管理相结合，毫不保留地将自己的种族主义倾向融入科学研究之中，试图以科学手段来论证危地马拉的土著居民为殖民者工作是天经地义的。

萨伯与德国地理学家拉采尔（地理达尔文主义的倡导者）保持着良好的关系，他们曾共同撰写关于环境决定论的著作，将土壤、种族、气候和历史紧密联系在一起。在著作里，萨伯不仅论证欧洲人的天生优越性，还为纳粹思想呐喊助威，试图从科学角度将德国的领土扩张和侵略行为合理化，这种行为让这位才华横溢的科学家在后世受到诟病。其实，萨伯的情况在殖民时代的火山学界并非个例，而是一种普遍现象，这种基于欧洲殖民史的偏见直到20世纪末才随着殖民主义的谢幕而从火山研究中消退。

6. 当岩浆冷却时

"西元"前的玄武岩

古巴比伦王颁布了汉穆拉比法典

刻在黑色的玄武岩

距今已经 3700 多年

你在橱窗前

凝视碑文的字眼

我却在旁静静欣赏你那张我深爱的脸……

公元前 1754 年,古巴比伦第一王朝的第六代国王汉穆拉比颁布了一部法典,它是保留至今的世界上最早的一套系统性成文法典。法典中包含了诉讼手续、贸易规则、债权债务、财产继承、行业规范、兵役制度、赔偿损失、处罚奴隶等详尽的内容,对于几十个世纪前的早期古文明来说，制定这部法典无疑是一项伟大的成就。

实际上，有考古证据表示，《汉穆拉比法典》可能并不是最早的法典，但比它更早的那些法典大都没有完整地保留至今。那么，为什么《汉穆拉比法典》如此荣幸，能够保留至今呢？这主要是载体的功劳——这部法典被刻在一块十分坚硬耐磨的石碑上，石碑的材料能够轻松地经受数千年的物理磨损。

• 《汉穆拉比法典》石碑，现藏于法国卢浮宫博物馆

究竟是何种材料如此坚硬？传统认知中，学者们普遍认为它是玄武岩，本小节开头的《爱在西元前》歌词中也是如此描述的。这也难怪，刻有《汉穆拉比法典》的石碑整体呈现出深邃的黑色，与玄武岩的特质相吻合，而且玄武岩本身便是坚硬耐磨的岩石。自从被考古学家发现以来，它一直被描述为玄武岩石碑，这一观点被广泛接受。

然而，有些科学家对此持有不同的观点。他们认为这块石碑的材料可能并非玄武岩，而是闪长岩。闪长岩也是一种耐磨的岩石，它和玄武岩都是由岩浆凝固而形成的岩石。然而，这两种岩石的化学性质不同，通常可以在不同的地质环境中找到。

这就是岩浆的神奇之处：看似普通的岩浆，其内部成分却千差万别，犹如大自然的调色板。这些由岩浆凝固而成的岩石，我们统称为岩浆岩或火成岩，但实际上，火成岩之下的细分种类纷繁复杂，不同成分的岩浆凝固成的岩石可能会有很大的差别。这些差别曾经在很长一段时间内让地质学家非常困扰，因为即便是经验丰富的专业学者，也难以弄清楚岩浆及其产生的火成岩究竟有多少种，以及它们为何会如此多样化。

最终，一位名为诺尔曼·鲍文的科学家帮助我们解开了这个谜团。

天生的地质学家

在地质学领域，很少有人能像诺尔曼·鲍文那样，以自己的姓氏命名一项具有划时代意义的大发现，从而在科学史上留下不可磨灭的印记。鲍文是加拿大人，1887年出生于安大略省的金斯顿，自幼就对大自然怀有永不满足的好奇心，尤其热衷于观察各种地貌和岩石。早在上大学之前，他已经成为乡邻眼中小有名气的业余地质学家了。

鲍文的学术之旅在加拿大女王大学启航，起初他主修师范专业。在暑假里，他加入了一支由安大略省矿务局下属的地质测绘队进行实习。该测绘队的领队是加拿大地调局未来的局长布洛克。年纪轻轻的鲍文给布洛克留下了深刻的印象。布洛克对鲍文的业务能力充满信心，特别是对其在野外的生存技能赞不绝口，因此放心地将测绘一个湖泊的任务交给了这个初出茅庐的本科生。

这项任务并不简单，需要在荒野中驾驶独木舟，穿越蚊虫密集的丛林，去寻找地质露头，也就是暴露于地表且有研究价值的岩石。这些对于鲍文来说只是小菜一碟。他不仅思维敏捷、记忆力超群，而且高中时期还是校队的体育健将。强健的体魄使他非常适应野外工作，能够熟练使用斧头、搭建绳梯、测量距离，测绘指针的使用方法更是烂熟于心。鲍文没有让布洛克失望，凭借一己之力，他成功地完成了测绘任务。在这个过程中，他对湖边各种岩石的化学成分产生了浓厚兴趣。

实习结束后，鲍文回到女王大学，将他的专业改为地质学。本科毕业时，他交出了一篇探讨辉绿岩化学组成的论文。这是他首次涉足岩石化学成分的研究，并得到了校内外的广泛赞誉。这篇论文

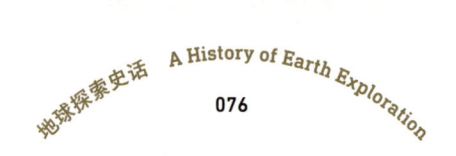

成为导师们极力推崇的本科毕业论文典范,也使鲍文赢得了继续攻读研究生的奖学金。

1909年,鲍文带着奖学金进入美国麻省理工学院攻读博士学位。博士期间,他的研究重点是二元系统中的相平衡,虽然这个题目听起来有些晦涩,但其实它所描述的现象就在我们的生活中时刻发生着。

所谓的"相",是指物质的存在形态,多数物质都有固、液、气三相。而"平衡"是指系统在某种条件下达到稳定的状态。因此,当我们谈论相平衡时,意味着系统内不同形式的物质已达成稳定,不再有融化或蒸发等相变的发生。鲍文博士期间所研究的,其

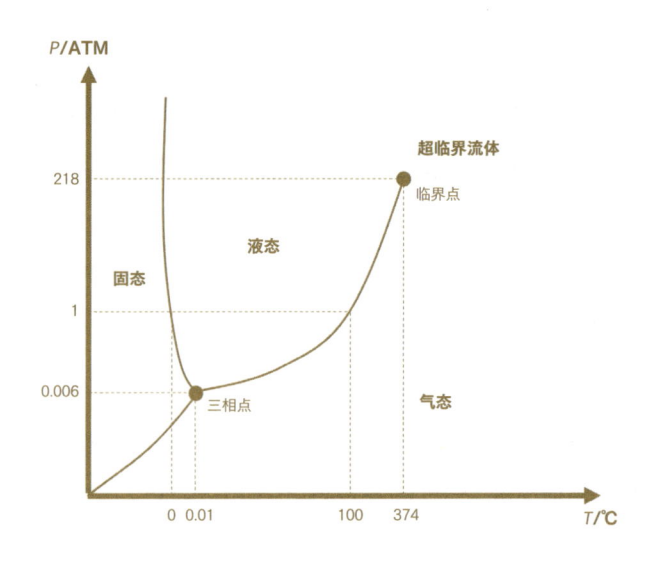

• 水的三相图

实是两种不同的物质混合时，可能会在某个温度和压力下发生相的改变。

举例来说，油和水这两种物质可以在一个容器内构成一个二元系统。在常温常压下，它们都呈液态，并且不会混合，这是由于油的密度小于水，会在水的表面上保持独立的油层，这种情况下，该二元系统内保持着相平衡。然而，如果我们在一定压力下加热这个系统，导致油和水都变成了气体，那么它们就会混合在一起，形成由油气和水汽组成的单一气态层。如此一来，这个二元系统就达到了另一种相平衡状态。

鲍文研究的这个主题有非常现实的意义，从材料科学到动力系统，从食品工业到生物制药，很多新兴领域都会用到相平衡的研究成果。如果鲍文选择在工业界找一份工作，他无疑会得到一份高薪的职位。

然而，鲍文的内心充满了对科学的热爱与执着。他希望能利用自己掌握的知识去研究他最感兴趣的东西——岩浆的化学成分及其演化。确实，要深入探索岩浆化学成分的奥秘，需要运用到相平衡理论，而且是更复杂的多元系统中的相平衡。这个领域要求研究者具备过人的数学、物理和化学造诣，并且需要进行大量烦琐而漫长的实验。这类实验难以一蹴而就，甚至可能一辈子都做不出成果，当时很少有人敢涉足这个领域。然而鲍文对此并不在意，在麻省理工学院的老师的鼓励下，他踏上了研究岩浆化学的漫漫征途。

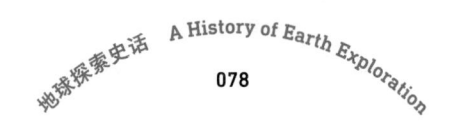

岩石圈的元老

1912年,鲍文以优异的成绩从麻省理工学院博士毕业。也正是在那个时候,几乎整个地质学界都被岩浆及火成岩的一系列问题困扰着。因此,雄心勃勃立志要钻研岩浆的鲍文成了"抢手货",许多科研机构都争先恐后地向他抛出了橄榄枝。最终,鲍文选择了刚刚成立不久的卡内基研究所地球物理实验室,成了实验室录用的第一位博士。

那时候,困扰地质学家的主要是火成岩及其对应岩浆的分类问题。世界上广为存在的岩石主要分为三类:火成岩、沉积岩以及变质岩,它们之间的转换构成了周而复始的岩石循环,而在这三大类别中,火成岩无疑是资历最老的岩石。鲍文的博士生导师雷吉纳·达利曾凭借其精湛的数学技巧,推演出了一项令人惊叹的假设:40多亿年前,新生的地球与一颗火星般大小的星球(忒亚星)发生了撞击,巨大的热量将地球熔化成了混沌的岩浆球。飞溅的碎片环绕地球旋转,逐渐融合在一起,形成了月球。与此同时,地球的重力对不同密度的物质产生了不同的作用,较重的铁和镍等物质沉入深处,形成了地核,而较轻的氧、硅、铝等其他物质则聚集在地核的外围,构成了原始地幔。

自原始地幔形成后,地球进入了漫长的冷却期。热量以长波辐射的形式不断向宇宙空间散发。逐渐地,地球的最外层开始冷却,温度下降到了石榴子石、尖晶石、橄榄石、辉石等矿物的熔点以

大碰撞假说示意图

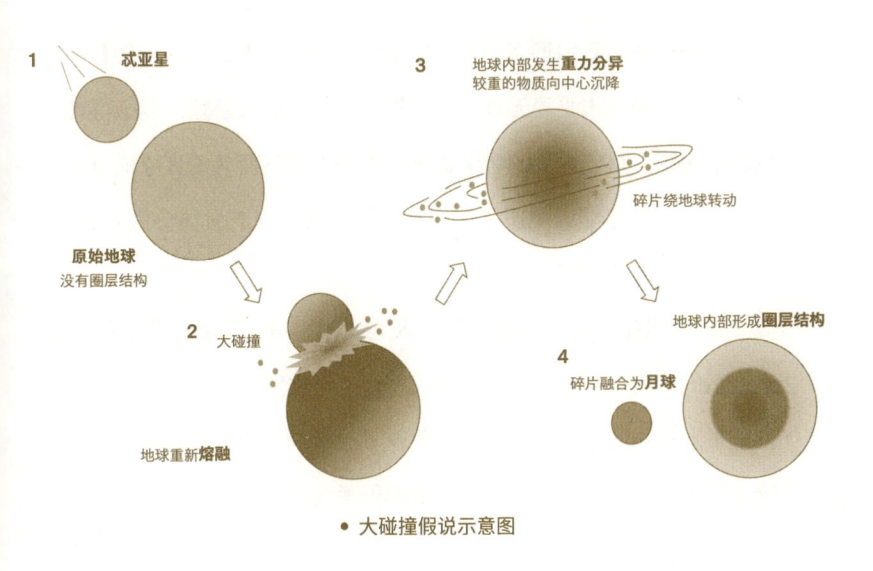

1. 忒亚星 / 原始地球（没有圈层结构）
2. 大碰撞 / 地球重新熔融
3. 地球内部发生重力分异，较重的物质向中心沉降 / 碎片绕地球转动
4. 碎片融合为月球 / 地球内部形成圈层结构

下。于是，这些矿物开始结晶，逐渐转变为固态晶体。这些晶体在地幔的上部聚集起来，形成了早期的岩石，并构成了岩石圈。这些早期岩石全部属于火成岩，它们在地球的发展历程中始终占据着元老地位。

在早期的欧洲地质学家眼中，沉积岩是一位无私的朋友，它在构建地质年代表的过程中给予地质学家们巨大的帮助。然而，火成岩却如同一个难以捉摸的幽灵，不时地在他们的研究中投下困惑与难题。尽管火成论派早已洞察到火成岩是由炽热的岩浆冷却凝固而成，然而具体的过程却始终如同一片迷雾，让他们无法窥其全貌。这主要是因为火成岩的成分远比沉积岩更复杂多变，如同万花筒般令人眼花缭乱。

有些火成岩看似形态各异，但化学成分却惊人的一致；还有些火成岩表面看上去平淡无奇，但矿物成分却犹如大杂烩，复杂得难以厘清头绪。这些繁复的化学成分，再加上旷日持久的火成论与水成论之争，让早期的地质学家们难以摸清火成岩的具体分类方法，以及各自的形成过程。

在 19 世纪中叶，显微镜被引入地质学领域，从此人们能够观察岩石的微观结构。通过对微观纹理和矿物类别的分析，人们彻底推翻了维尔纳的水成论，火成岩获得了前所未有的关注。面对种类繁多的火成岩，地质学家们开始重新思考其分类方法。

火成岩最初的命名方式是乱七八糟的。在读书期间，鲍文就发现了一个令人绝望的现象：世界各国的科学家各自为战，用不同的标准去分类和命名火成岩。在那段时间里，火成岩的类别呈指数增长，但实际上其中很多分类都是不科学的。有些岩石在不同国家被赋予了不同的名字，而有些岩石却从来没有获得过自己的名字。

沿用至今的错误

火成岩名称和分类之混乱，不仅让鲍文很绝望，也让诸多地质学家感到头痛。于是，制定一套统一且科学的火成岩分类和命名方案被提上了日程。英国岩石学家艾尔弗雷德·哈克试图解决这个问题，他在 1909 年发明了"镁铁质"和"长英质"等词汇，来描述岩浆及火成岩的化学性质。他把富含镁和铁的岩浆命名为镁铁质，而那些富含二氧化硅的岩浆则称为长英质（此处的"长"意指长石矿物，而"英"则指石英，一种二氧化硅矿物），至于那些介于两者之间的岩浆，则被归为中间质。

经验丰富的德国化学家罗伯特·本生也跨界而来，提出了"酸性岩浆"和"碱性岩浆"的概念，来描述岩浆及火成岩的化学成分。本生认为，酸性岩浆富含硅，而碱性岩浆则硅含量匮乏。在那个时候，人们普遍认为岩浆中的硅以硅酸的形式存在，硅含量高导致岩浆呈酸性，而硅含量低则使岩浆呈碱性。在中文里，"碱性岩浆"通常被称为"基性岩浆"，至于"基性"这个词的来历，有两种不同的说法。第一种说法是，碱性一词的英文为"basic"，是个多义词，也有"基础"的意思，故而早年间的中国学者将其误译为"基性"；第二种说法是，"基性岩"一词最初诞生于日本，在日语中，基性就有"碱"的意思，在19世纪末，这个术语传入中国，并沿用至今。

本生发明的术语后来得到了广泛使用。然而，根据后来的化学分析，岩浆中的硅含量并不会影响其pH值，但因为约定俗成的缘故，学者们还是将错就错地沿用了这两个名词，即使这并非完全符合化学定义。因此，当我们在今天谈论岩浆呈酸性或碱性时，我们实际上是在描述其硅含量的不同，而不是其真正的酸碱性质。

人们还观察到，酸性的花岗岩呈浅色，碱性的玄武岩呈深色。于是又有地质学家提出，花岗岩和玄武岩是由两种基础岩浆冷却结晶而成的，这两种岩浆是酸性最高的花岗质岩浆，以及碱性最高的

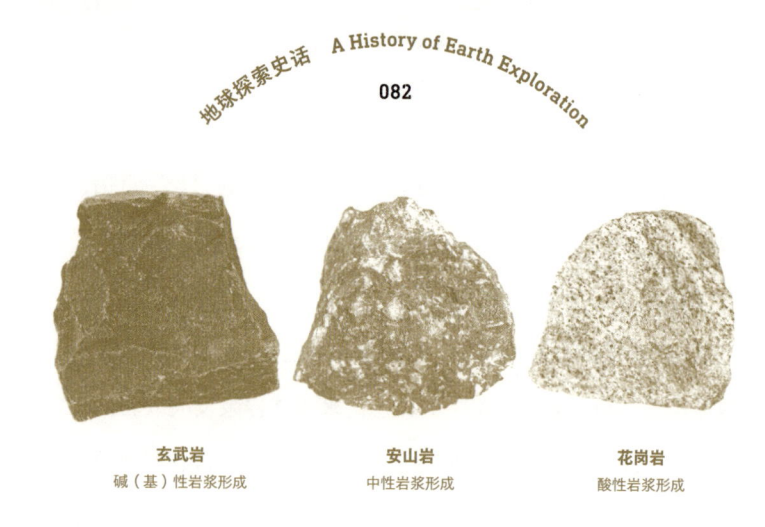

玄武岩	安山岩	花岗岩
碱（基）性岩浆形成	中性岩浆形成	酸性岩浆形成

• 深色的玄武岩、深浅相间的安山岩以及浅色的花岗岩

玄武质岩浆。其他那些介于两者之间的灰不溜秋或深浅相间的火成岩，是由花岗质和玄武质岩浆按不同比例混合后再凝固形成的。就像画家的调色板一样，两种基础颜色的颜料按不同比例混合后，便能形成各种各样介于其间的颜色。

岩浆的冷却

这样的理论看似有道理，但难以解释一些特殊的自然现象。比如，夏威夷有座基拉韦厄火山，是世界上最活跃的火山之一，它形成的熔岩流会直接流到海里，水火交融，形成十分壮观的景象，吸引了许多人前来观看。当然了，有人欣赏风景，有人观看热闹，也有人能看出一些门道。有个地质学家在基拉韦厄火山观察到了一个有趣的现象：当地熔岩流的底部聚集了一些长石晶体，而熔岩流的上层表面却没有这种晶体。同一股熔岩流形成的岩石却有如此不同的矿物分布，这可真奇怪啊！

这个发现引起了广泛的关注。鲍文也留意到了夏威夷的这种独特现象，他认为这个现象的背后肯定蕴含着新的知识，而且它肯定和岩浆的固化及其化学成分演化有关。此时鲍文刚刚入职卡内基研究所，他决定亲自来揭开这个谜团。于是，在接下来的近20年里，他几乎将全部的精力和时间都投入火成岩及岩浆的研究上，探索岩浆冷却并固化成各类火成岩的详细过程。

在卡内基研究所里，鲍文利用当时最先进的设备（如今看来其实很落后）进行了大量实验，模拟地幔中岩浆形成的条件。他通过控制压力，将特定的矿物加热至熔化，然后在其冷却的过程中仔细观察结晶的过程。他经过严谨而细致的研究，推导了无数的物理和化学公式，演算了无数的相平衡，绘制了各种相变图。最终，他终于得到了划时代的发现：不同矿物在岩浆中结晶析出的顺序。换言之，当岩浆冷却时，某些矿物会比其他矿物更早结晶，而剩余的岩浆则会因为化学成分的变化而析出下一种矿物类型。

这种现象后来被命名为岩浆分异，也称为分离结晶，它描述的是这样的过程：各种矿物具有不同的结晶温度，因此随着岩浆的冷却，不同的矿物会在不同的时间从岩浆中结晶析出。这个顺序被命名为鲍氏反应序列。

我们以一个例子来说明这个过程，比如在一团岩浆中包含A、B、C三种矿物。其中，A矿物的结晶温度是900℃，B矿物的结晶温度是 800℃，C矿物的结晶温度是 700℃。它们的化学成分各不相同。初始时，岩浆的温度为 1000℃，因此A、B、C都处于熔融状态。当岩浆温度降至 900℃时，A矿物开始结晶。这意味着A矿物从岩浆中分异出来，形成了固态的矿物晶体。由于A的结晶，剩余岩浆的化学性质也发生了变化，成分更偏向于B和C矿物。当岩浆继续降温到 800℃时，B矿物也开始结晶。这时，几乎只剩下C矿物还处于熔融状态，因此岩浆的化学性质更偏向于C矿物。这就是岩浆分异的过程，也是鲍文在实验室中总结出的模型。通过这个模型，我们可以更好地理解岩浆的组成和变化过程。

鲍文的这一模型可谓是极具里程碑意义的，它为解释火成岩的多样性提供了一种全新的视角。举例来说，那些最早结晶的矿物，如橄榄石、辉石和角闪石等，它们通常具有较低的硅含量和较高的镁铁含量，因此它们的颜色往往偏向于黑色或深灰色，从而使得由这些矿物组成的玄武岩和辉长岩等岩石也呈现出深色。

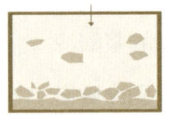

较早时间的岩浆成分　　　　　　　　　　　　　　　较晚时间的岩浆成分

　　　　　　　　　　　　　　　　　　　　　　　　　　　角闪石
　　　　　　　　　　　　　　　　　　　　　　　　　　　辉石
　　　　　　　　　　　　　　　　　　　　　　　　　　　橄榄石

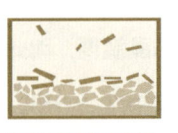

橄榄石从岩浆里析出　　橄榄石基本析出完毕，　辉石基本析出完毕，　角闪石基本析出完毕
　　　　　　　　　　　辉石开始析出　　　　　角闪石开始析出

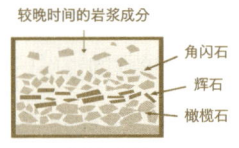

1300 ℃　　　　　　　　　　　　　　　　　　　　　　900 ℃
　　　　　　　　　　　　　　　降温

• 岩浆分异示意图

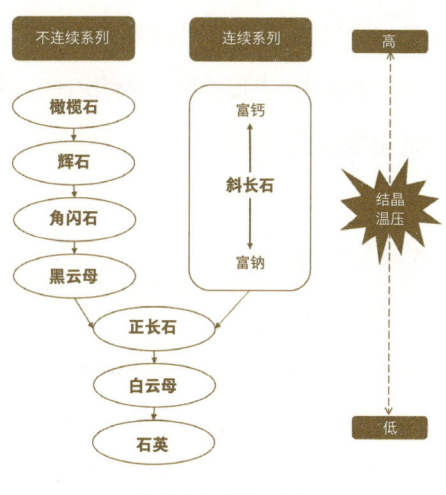

● 鲍氏反应序列示意图

　　而那些结晶温度较低、结晶顺序较晚的矿物，如白云母和石英等，则具有较高的硅含量，属于长英质，其颜色多呈现出白色、黄色、粉色甚至透明，整体上颜色较浅。因此，由这些矿物组成的岩石，如花岗岩和流纹岩等，其颜色也往往较浅。

　　鲍文的贡献不仅仅在于他的学术发现，更在于他对火成岩领域的深远影响。由于他的杰出工作，他成为火成岩领域的权威，并荣获了彭罗斯奖。当然，鲍氏反应序列也曾受到过质疑，反对者提出的问题是，鲍文在实验室里得到的这一模型，是否能够真实地反映现实世界中的火山活动特征呢？

　　为了回答这个问题，许多学者前往世界各地的火山活跃区进行了实地考察，包括内华达山、喀斯喀特山、安第斯山以及冰岛、夏

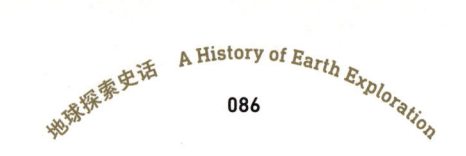

威夷、日本、菲律宾等地。最终，他们发现鲍文的模型与这些现实世界中的火山活动现象能够高度匹配。这再次证明了鲍文的理论在火成岩研究中的重要地位。

火成岩的系统分类

在众多实证的坚实基础上，鲍文的理论获得了广泛的认可。而在全球各地的实地考察过程中，那些致力于观察和实验的后辈学者们又进一步发现了火成岩分类的另一个重要维度，即岩浆冷却的速度。他们据此将火成岩分为两大类：喷出式火成岩，简称喷出岩，亦称火山岩；侵入性火成岩，简称侵入岩。而侵入岩又可进一步分为浅成岩和深成岩两种。

喷出岩是岩浆在迅速冷却后形成的。例如，当火山喷发时，从火山口喷涌而出的岩浆遇到温度低得多的空气，便会立即凝结成岩。甚至会出现如夏威夷火山般的情形，熔岩流在离开火山口后，很快就会遇到冰冷的海水，从而更快地凝结。从微观结构上看，喷出岩的矿物晶体相对较小，因为冷却速度快，岩石没有足够的时间形成大的结晶体。

侵入岩是没有喷出地表的岩浆，它们形成于地下，由岩浆在地表以下缓慢冷却结晶而成。它们的凝结速度很慢，所以岩石有充足的时间形成大的结晶体。其中，浅成岩生成于深度小于 3 千米的区域，而深成岩生成于地壳的深处，深度通常大于 3 千米。

火山弧

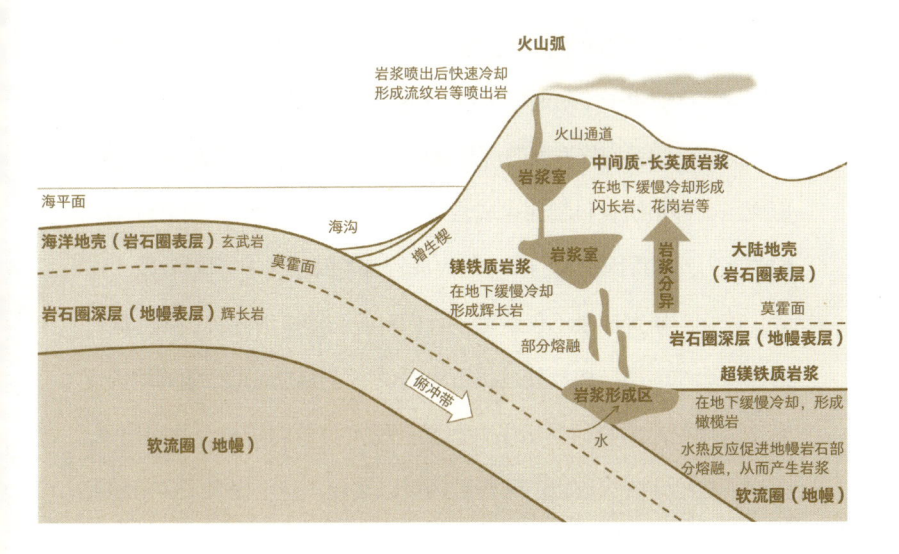

岩浆喷出后快速冷却形成流纹岩等喷出岩

火山通道

中间质-长英质岩浆
在地下缓慢冷却形成闪长岩、花岗岩等

岩浆室

海平面

海洋地壳（岩石圈表层）玄武岩　海沟　　增生楔

镁铁质岩浆
在地下缓慢冷却形成辉长岩

岩浆室

岩浆分异

大陆地壳（岩石圈表层）

岩石圈深层（地幔表层）辉长岩　莫霍面

莫霍面

岩石圈深层（地幔表层）

部分熔融

俯冲带

超镁铁质岩浆
在地下缓慢冷却，形成橄榄岩

岩浆形成区

软流圈（地幔）

水

水热反应促进地幔岩石部分熔融，从而产生岩浆

软流圈（地幔）

• 俯冲带和火山弧的岩浆分异及各种火成岩形成位置示意图

　　在划分喷出岩和侵入岩之后，人们对火成岩的认识又上了一个新台阶：火成岩的种类不完全是由岩浆的化学成分决定的。化学成分相同的岩浆，因为冷却过程的不同，也可能会形成不同的岩石种类。例如，在大洋中脊的中部有一道裂谷，那里的地壳很薄，导致其下方的压强较小，地幔里的岩石会发生减压熔化，变成岩浆。岩浆从裂谷底部的缝隙里流出，在和海水相遇后迅速冷却，形成玄武岩——这是一种喷出岩。

　　然而，并非所有岩浆都会激烈地涌动，也有一些落在后面的，被玄武岩阻挡住，不与海水直接接触。这些岩浆会缓慢冷却，逐渐形成辉长岩——这是一种侵入岩，构成了海洋地壳的主体部分。玄

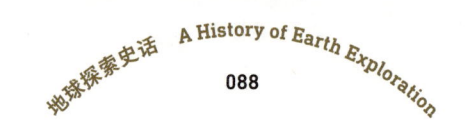

武岩和辉长岩具有相同的化学成分，因为它们都源自完全相同的镁铁质岩浆，但由于冷却速度不同，最终形成了两种不同类型的岩石。

因此，学者们将岩浆的冷却速度和硅含量这两个因素结合起来，形成了一种系统且科学的火成岩分类法。鲍文的研究以及后续学者们的努力，使得困扰人们多年的火成岩分类问题终于得以解决。

鲍文的研究成果不仅颠覆了我们对岩石形成的固有认知，同时为探索地球内部结构及其地质历史提供了宝贵的洞见。他的鲍氏反应序列理论，为我们揭示了为何某些特定类型的岩石会共同出现，预测了在给定的火成岩中哪些矿物可以共存，甚至提供了关于地壳演化乃至板块构造的重要线索。

为了这一重大发现，鲍文在实验室里默默耕耘了将近 20 年。时至今日，无论在哪个国家，所有主修地质学的本科生都会在基础课程中学习到鲍氏反应序列，从而铭记鲍文的大名。

岩石的分类

岩浆的化学性质	酸性	偏酸中性	中性	基（碱）性	超基（碱）性
	长英质	中间质		镁铁质	超镁铁质
二氧化硅含量	>72%	66%—72%	52%—66%	45%—52%	40%—45%
侵入岩 — 深成岩	花岗岩	英云闪长岩	闪长岩	辉长岩	橄榄岩
侵入岩 — 浅成岩		细晶岩		辉绿岩	金伯利岩
喷出岩（火山岩）	流纹岩	英安岩	安山岩	玄武岩	苦橄岩

PART 3
第三章
化石传奇

演化、灭绝与重生

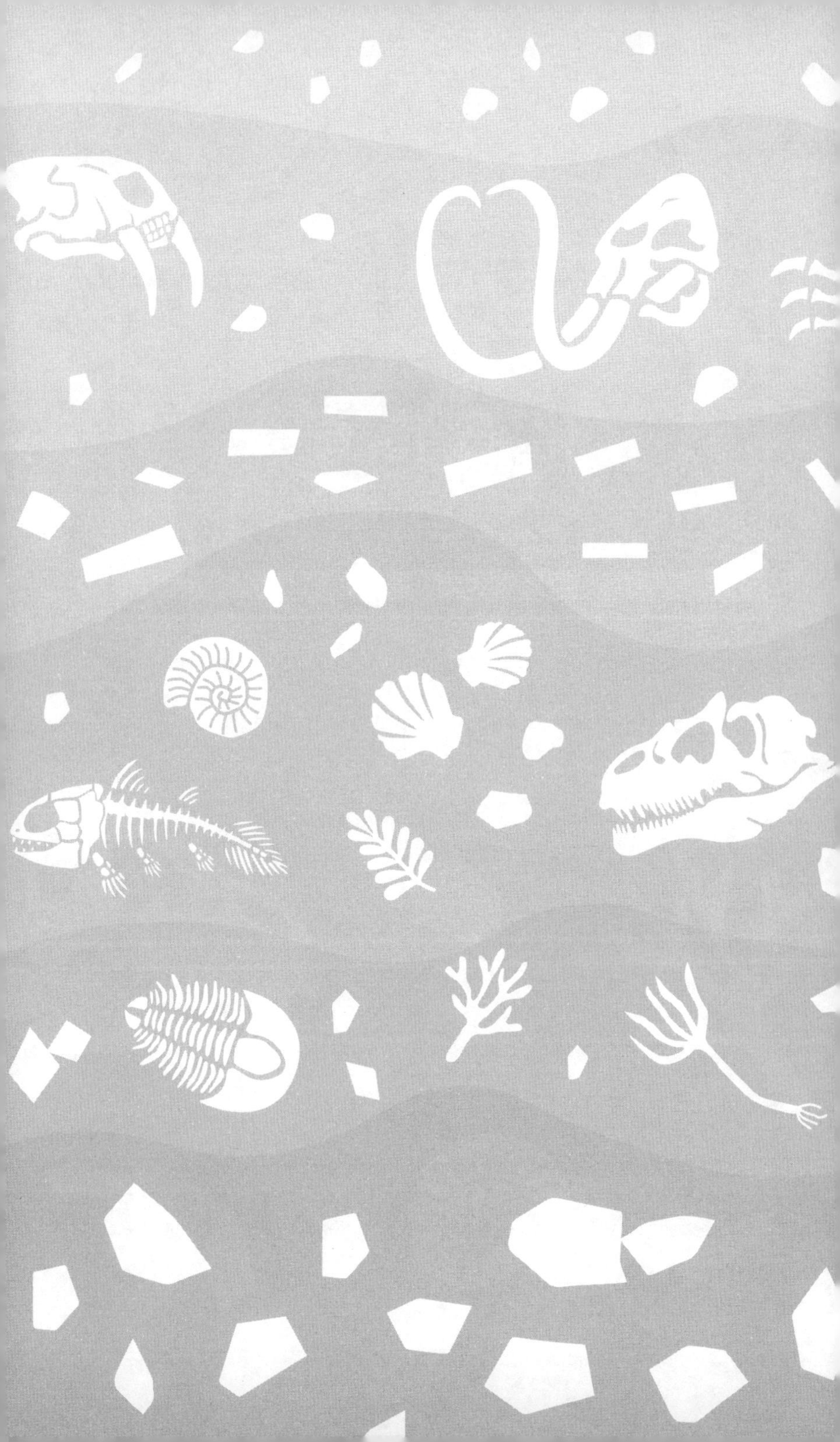

7. 古生物学的探索

地球上的奇迹

岩石是记录地球发展的史书,翻阅这本史书,什么事情是最令人惊叹不已的?要我说,还得是生命的起源。如果把岩石比作一栋楼房,那么矿物就是修建它所需的砖瓦。如果用同样的方式,把生命比作一栋楼房,那么它的砖瓦是什么呢?是蛋白质,一种由氨基酸组成的物质。当然,蛋白质也是一个统称而已,在人体内,蛋白质的种类成千上万,其中的每一种蛋白质都由成百上千个氨基酸通过特定的排列方式组成。

这就很神奇了。现在如果让我在纸上画出蛋白质的结构,而且是照着参考答案画,我都不一定能全画对,那么地球演化的过程中,究竟是什么样鬼使神差的自然过程,居然恰好就合成了生命所需的各种蛋白质呢?更何况,现在我们已经找到了年龄至少有 35

亿岁的叠层石,这是目前已知最早的生命遗迹。要知道,35 亿年前的地球还处于自身演化的早期,是个环境恶劣的地方,那时候的大气层刚刚稳定下来,充满了氮气和二氧化碳。和氧气相比,这两种气体的化学性质都不太活跃,要在这样的环境里通过自然过程让化学元素合成 20 种氨基酸,再把它们组装为蛋白质,难度之大,概率之低,实在是超乎想象。

英国天文学家、参与开创宇宙稳恒态学说的弗雷德·霍伊尔曾经吐槽过这个概率,他说,这就好比你有一个大仓库,里面随便堆满了一架飞机的各种零部件,这时候一阵大风吹过,仓库的外墙被吹走了,而里面的飞机零部件在风中互相碰撞,当风停下来的时候,这架飞机居然恰好被组装完成了!

什么是古生物学?

不管生命最初是怎么形成的,它们在地球的史书里都留下了浓墨重彩的一笔,因此,地质学和古生物学是不分家的。古生物学家研究化石,必须具备一定的地质学知识,而地质学家在研究地球历史的时候,也或多或少会和古生物学扯上关系。古生物学这个概念是在 19 世纪 20 年代形成的,和现代地质学诞生的时间也相差无几。在英语里,古生物学叫作 paleontology,它由 1 个词根和 2 个词缀构成:paleo 意为"古代",onto 意为"存在的东西",而 logy 意为"研究"。如果直接把它们连起来,这个词的字面含义是"研究古代存在过的东西"。然而，这个字面含义并不完全适用于古生物学这门科学，毕竟"古代存在过的东西"这个范围有点大，三叶虫和恐龙是古代的东西，那古埃及的金字塔、古巴比伦的《汉穆拉比法典》是不是古代的东西？

严格说来，古生物这个学科只研究人类文明以前的那些和生物有关的事情，它从未涉及对古代文明的研究，因为古代文明属于历史学和考古学的研究领域。另外，即便是人类文明出现之前的事情，也并不全归古生物学管，因为文明诞生前的早期人类留下的遗迹（比如700万年前就出现的乍得人）是人类学的研究范畴。

然而，在古生物学刚刚诞生的19世纪初期，人们并没有做出现在这么详细的区分。比如在1821年，法国语言学家让·弗朗索瓦·商博良解读了埃及的罗塞塔石碑；1824年，英国地质学家、古生物学家威廉·康尼贝尔发现了完整的蛇颈龙骨架，并绘制了蛇颈龙的复原图。当时的各路媒体纷纷把这两项成果并列起来报道，说商博良和康尼贝尔一起还原出了古典时代之前的世界历史。在那个年代，人们对于地质时间尺度只有模糊的概念，因此将蛇颈龙的活跃年代（约6600万年前）与埃及金字塔的建造时间（约5000年前）混为一谈。

古生物学就是诞生于这样的历史背景下。法国人乔治·居维叶通常被称为古生物学的创始人，尽管他自己从未使用过"古生物学"这个词。他对自己的定位，是一种"新型古代学家"。为什么是新型呢？因为在他的自我认知里，像他这样的学者和传统的所谓古代学家是有区别的，新型古代学家的工作主要是收集古代动植物的化石标本，而传统古代学家们追寻的是中世纪以前的古董，比如凯撒用过的硬币，阿提拉用过的弓箭，来自中国的鼻烟壶之类的东西。所以可以看出，那时居维叶做的工作，和如今的古生物学家所做的工作是同一个性质。

作为古生物学的实际创始人，居维叶最伟大的贡献，就是说服了当时学术界的一大批人，让他们相信了一件事：历史上的许多物种已经完全灭绝了。这其实就是披了层外套的"灾变论"。在他之前，有许多探险家还幻想有朝一日能在美洲、非洲或者亚洲的某个深山老林里，发现活着的大型树懒，或者在某处偏远的海域里目睹蛇颈龙的身影。因为居维叶的工作，史前生物和人类文明彻底地分道扬镳，古生物学也正式从历史学、考古学、传统古代学的圈子里脱离出来，自立门户。

居维叶的大发现

化石是地质历史时期生物的遗体、遗迹或遗物，是经过长时间的地质作用被保存在地层中的固态物质。

古生物学的研究对象基本上都和化石有关。化石的英文单词是fossil，其最初含义是从地下挖掘出来的东西。欧洲人从中世纪开始就和化石打交道，但是最开始的时候，他们中的大部分并没有把化石和生物联系起来。在15世纪和16世纪，矿工们从地下带到地面的宝石、矿物、岩石等东西，统统都被叫作化石。随着发现的所谓化石越来越多，学者们开始给它们归类，金属、宝石、矿产、岩脉等各归其位，最后终于只剩下了我们今天真正意义上的化石，它们大部分都可以用肉眼看出曾经是动植物的一部分。

学者们在化石和生物之间建立起了联系，不过，他们仍然无法对化石的出现给出完整的解释。比如，有的时候，化石出现的位置就很让人费解：白雪皑皑的山峰上出现的海洋鱼类的化石，或者在炎热干旱的沙漠里出现的贝壳化石。直到很久以后，人们才意识到，这些令人费解的现象都是地质活动的结果——地球的力量能把化石带到很远的地方。

在16世纪和17世纪，有些学者发现了更令人不解的现象，比如，像菊石这样的常见化石，在现实中似乎并没有对应的已知动物。有人说，化石不一定代表生物遗骸，有可能是岩石比较调皮，自己长成了贝壳之类的样子；而另一些人则认为，这些化石应该都是生物遗迹，而且它们所代表的生物仍然存活在世界上，只不过尚未被人类发现而已。

1739年，北美弗吉尼亚殖民地西部肯塔基地区（即如今的美国肯塔基州）出土了一具大型动物化石。从骨骼的整体特征看，它有点像一头史前大象，然而，它上下颚的形状却与已知的大象极为不同，而是更像河马。由于这具化石的牙齿和头盖骨残缺，因此没人能确认它到底是什么动物。半个多世纪后，这具化石几经辗转，来到了法国学者居维叶的手上。

居维叶通过详尽的比较研究，坚定地指出这只是一种已经灭绝的大象，并将其命名为乳齿象。然而，居维叶的结论在美国引起了轩然大波。美国的清教徒后裔们无比崇拜《圣经》，认为它才是最高的权威，任何有悖于《圣经》的东西都要坚决抵制。居维叶所谓的"乳齿象已经灭绝"的说法不符合《圣经》中所说的内容——世间的物种都是上帝辛苦设计出来的，怎么能够灭绝呢？

当时的美国总统杰斐逊也深受这一价值观的影响，在1803年，他命令西行探险的刘易斯和克拉克顺带寻找乳齿象还活着的证据，试图把居维叶那不符合《圣经》教义的研究成果掐死在摇篮里——结果可想而知。

尽管外界对此反应激烈，但居维叶仍然不为所动，继续深化他的理论。1814年，他正式提出了生物大灭绝的猜想。为了验证自己的猜想，居维叶开始在布满中生代岩层的巴黎盆地进行科考工作。从巴黎盆地的岩层中，他发现了几个不同的古生物群，每个生物群代表一个不同的年代。这揭示了什么？它表明，在每一个生物群大规模灭绝之后，新的生物群才会兴起。与乳齿象化石相比，巴黎盆地岩层中更清晰地记录了灭绝事件，而且不止一次。

居维叶的发现不仅震惊了学术圈，连文学界都被惊动了。灭绝，对于当时欧洲的文学家们来说是多么新鲜、多么宏大、多么具有戏剧冲突的意象啊！被誉为现代小说之父的法国作家巴尔扎克在自己的作品中给居维叶做出了非常高的评价。他在《驴皮记》中写道："居维叶其实也是个诗人，而且是最伟大的诗人，他利用化石

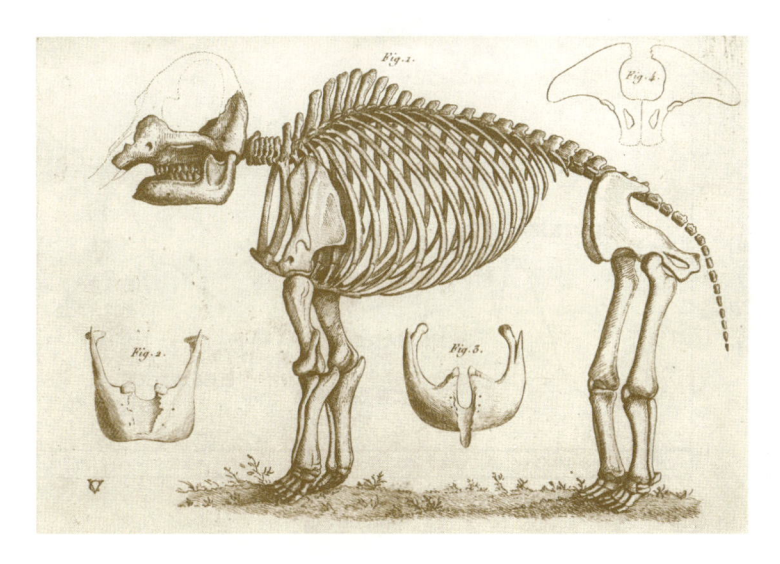

• 居维叶研究乳齿象化石的手稿

谱写着地球的过往,这个成就甚至可以和拜伦并列;居维叶也是个伟大的创造者,他像希腊神话里的卡德摩斯一样,用巨兽的牙齿勾勒出了新的世界。"在巴尔扎克的笔下,居维叶简直如天神下凡一般,教会了人类什么是敬畏感。

当一切条件都成熟时,居维叶的学生亨利·德·布兰维尔创造了"古生物学"一词,这个词并非特指研究化石本身,它强调的是"对已灭绝物种的研究",而居维叶也被人们公认为古生物学的奠基者。居维叶通过收集化石来研究生命演化史的做法,也被后世的古生物学家们所继承。1860年,英国的约翰·菲利普斯汇总了当时所有的已知化石并统计了它们的年代和物种信息,他发现自寒武纪

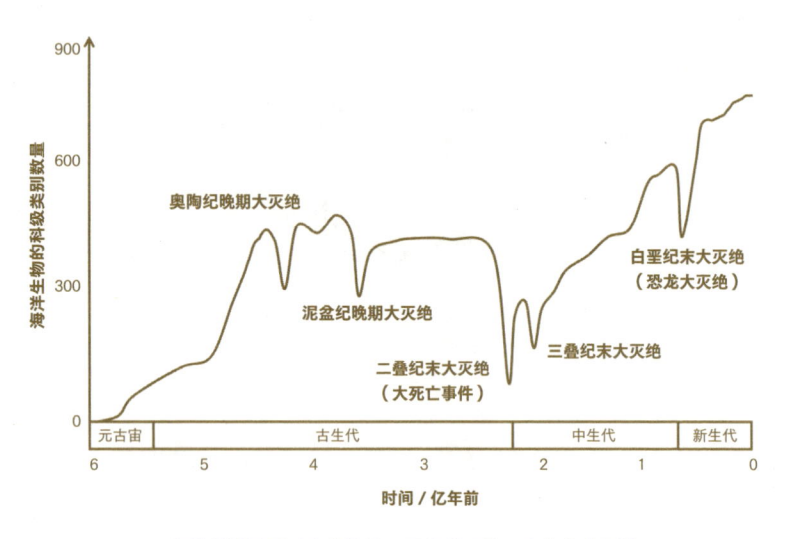

● 塞普科斯基通过古生物化石研究发现的 5 次生物大灭绝

以来，全球生物多样性有过 2 次明显的回落，把地球的历史切割为 3 段。鉴于此，他把这 3 段定义为古生代、中生代和新生代。到了 1982 年，芝加哥大学的杰克·塞普科斯基和戴维·劳普利用最新的化石数据集重新绘制了这条多样性曲线，并从中识别出了地球历史上的 5 次生物大灭绝。近年来，人们用新的技术手段继续研究化石数据。2024 年，中国南京大学的团队利用人工智能和大数据，将多样性曲线的起点提前到了 20 亿年前，发现了 2 次更早的大灭绝事件。

值得一提的是，当居维叶的理论在学术界受到热烈欢迎的时候，教会的权威地位却因此受到了挑战。为了挽回局面，教会希望一位名叫威廉·巴克兰的牧师能够出面,"公正"地谈谈自己的看法。巴克兰虽为神职人员,但在学术界也颇具话语权,神父们这时候找到他,实际上是暗示他去驳斥居维叶的理论,维护教会的威望。

巴克兰是个尊重科学的人,自然不会在缺乏证据的情况下否认居维叶的科学理论。他灵机一动,说道:"《圣经》是没有错的,居维叶的理论也没有错,错的是人们对《圣经》的理解。"他问神父们,是否记得《圣经》中关于诺亚大洪水的描写?那些没能登上诺亚方舟的生物是不是都死掉了?这不就是《圣经》所描述的大灭绝嘛!因此,地球上最近的一次生物大灭绝就是诺亚大洪水。神父们听后恍然大悟:原来这么多年,我们对《圣经》的理解还不够深入啊,《圣经》中其实早已预示了生物大灭绝的发生!如此一来,居维叶提出的大灭绝理论便不再与《圣经》相矛盾了。

叠层石——最初的生命痕迹

除了关注大灭绝事件,古生物学同样致力于探索生命的起源。许多人相信,地球上出现生命是一个偶然事件。之前我们已经提到,最初的蛋白质形成是何等不易,而即便有了蛋白质,生命也不一定能诞生。要想创造生命,还需跨越重重难关,例如DNA的形成、细胞膜的构建以及细胞的产生等。总而言之,生命的出现是一个极其神奇的过程,或许确实源于偶然。

然而，也有人认为生命的出现是必然的。哈佛大学古生物学家史蒂芬·杰伊·古尔德便持此观点，他认为一旦环境条件适宜生命存在，生命就必将出现，且不会等待太久。还有人提出了更大胆的假设：生命可能是由陨石带来的。在地球形成后的最初几亿年里，太阳系经历了一个"交通事故多发期"，地球频繁遭受陨石的撞击，这一时期被地质学家称为"后期重轰炸"。这些人认为，在当时大量陨石撞击地球的情况下，其中一两颗陨石恰好携带了简单的生命形式。这也并非完全不可能。

总之，关于生命起源的假说多种多样，其中不乏富有想象力的版本。因此，要想深入研究这一课题，一项至关重要的任务就是寻找最早的生命痕迹。

寻找最早的生命痕迹，其难度高于大海捞针，因为这里的大海指的是整个地球，而针则可能只是单细胞生物在岩石中遗留下的微小痕迹。即便科学家有幸发现了疑似早期生命的痕迹，他们也会随即面临来自同行的严格质疑：这真的是生命痕迹，还是在某种特殊条件下形成的地质现象呢？

叠层石就是这样一个典型的例子。作为地球上保留至今的最早的生命遗迹，叠层石呈现出层状的有机沉积结构。其形成通常与早期生命——蓝细菌密不可分。这些微生物能够分泌出具有黏性的化合物，这些化合物能够捕获海水中的碳酸盐沉积物颗粒，并将它们紧紧黏合在一起，形成矿物的微纤维，进而堆积成薄薄的沉积层。叠层石最显著的特征就是那些垒在一起的薄层，其中深色薄层和浅色薄层常常会交替出现，形状各异，有纹层状的、球状的、柱状的、锥状的，还有枝状的。

目前公认的最古老的叠层石是由威斯康星大学麦迪逊分校的科考团队在澳大利亚西部发现的，其形成时间可追溯至35亿年前，那时地球的环境刚好达到了我们所理解的生命能承受的下限。然而，这是否意味着35亿年前铸造了叠层石的蓝细菌就是最早的生命呢？其实并不尽然。在寻找早期生命痕迹时，科学家通常会关注四种不同的证据：第一种证据体量相对较大，肉眼可见，如叠层石；而其他三种痕迹则更为隐匿，包括化石的化学痕迹、降解的生物化合物以及微生物本体的化石。追寻这些线索绝非易事，因为早期的单细胞生命没有骨骼，难以形成化石或留下其他足够明显的痕迹。

此外，一些非生物过程形成的自然现象可能与微生物的痕迹和化学特征极为相似，从而产生"赝品"，干扰研究人员的判断。例如，2016年一个研究小组在格陵兰岛发现了一处形成于37亿年前的叠层石，这似乎有望刷新"最早生命痕迹"的世界纪录。然而，由于某些地质证据的缺失，这处更古老的痕迹并未获得公认，因为无法排除它是因非生物过程而形成的"赝品"。

叠层石是地球历史上一种长期存在的、由微生物参与形成的、特殊的生物沉积构造，目前在澳大利亚的沙克湾和美国犹他州的大盐湖仍可见其生长。但相较于地球早期，现存的活跃叠层石已变得极为稀少。事实上，10亿年前，叠层石的数量和多样性便急剧下降，不再占据主导地位。

叠层石衰落的原因一直困扰着人们，为了揭开这个真相，科学家付出了大量努力。2013年，麻省理工学院的科学家发现，10亿年前，当叠层石迅速衰退时，地球上另一种微生物痕迹——凝块石却开始大规模形成。凝块石的外表呈块状而非层状，科学家经过分析发现，凝块石的出现与另一类微生物——有孔虫的诞生有关。

与蓝细菌不同，有孔虫通过触手状结构的"伪足"来捕获猎物并探索环境，这会在微观尺度上搅动海底沉积物，破坏初始沉积的层状结构，使其转变为块状的凝块石。科学家在凝块石中发现了早期的有孔虫化石，然后他们进行了一项实验：将如今仍然生活在海水中的有孔虫放置在类似叠层石的层状沉积物上，结果，叠层石的结构果然被破坏，变得和凝块石一样。这证实了科学家的猜想：正是这些有孔虫"偷走"了叠层石。这桩"悬案"终于得以破解。

"马失前蹄"的重要发现

无论是蓝细菌，还是有孔虫，它们都是地球早期的简单生命形态，与我们今天所见的丰富多样的生命世界截然不同。如果说生命的诞生是一个令人惊叹的奇迹，那么生命从简单形态走向复杂多样的演化过程，无疑是一场精彩的表演。

随着古生物学的兴起，人们开始深入研究越来越多的化石，并不断发现新的物种。这自然引发了一个问题：地球上如此丰富的物种多样性，究竟起源于何时？根据约翰·菲利普斯的曲线，这个多样性的起点似乎可以追溯到古生代的早期。然而，古生物学家一直在寻找一个具有代表性的化石群，以期能重现生命大规模分化初期的场景。

1909年，一则令人振奋的消息从加拿大传遍古生物学界。那年夏天，著名古生物学家查尔斯·都利特·沃尔科特前往加拿大西部的落基山脉进行地质勘探。沃尔科特是后文将详细介绍的地质学家路易·阿加西的高徒，当时他已经身兼多职——美国地质调查局的首席古生物专家、美国科学院院士，还担任过美国地质协会的主席。每年夏天，他都会去野外考察，他的助手是妻子海伦娜。

在崎岖难行的落基山脉中，海伦娜骑着马紧跟在沃尔科特的身后。这一年恰逢达尔文诞辰100周年，欧美学术界为此举办了诸多纪念活动。沃尔科特也怀揣希望，期待能在这次野外考察中发现一些非同寻常的化石，作为向达尔文百年诞辰献上的一份厚礼。

8月某日，他们像往常一样在山路上跋涉。当他们经过布尔吉斯隘口时，海伦娜骑乘的马突然被一块岩石绊倒，导致她重重地摔在地上。沃尔科特急忙下马查看她的状况，在确认海伦娜并无大碍后，他才松了一口气。这时，他的目光不自觉地落在了那块绊倒马匹的岩石上。定睛一看，沃尔科特惊喜地发现，那块岩石中竟然嵌有一枚软体动物的化石！

作为一位野外考察经验丰富的古生物学家，沃尔科特早就不是第一次发现化石了，那么他为何如此兴奋呢？因为他知道，当前所在的地方，裸露在地面的是一组形成于寒武纪的页岩。在此之前，人们在寒武纪时代的岩层中仅发现过简单生命形态的化石，或者如三叶虫等少数几种硬体动物化石。而这枚在寒武纪岩层中的软体动物化石，几乎可以说是前所未有的发现！

这次意外确实带来了意想不到的收获。海伦娜的"马失前蹄"，竟然引出了一个震惊古生物学界的重大发现。这个消息迅速传遍了各个古生物研究机构，成为达尔文诞辰 100 周年的重要贺礼。

第二年，沃尔科特迫不及待地返回了那个地点，这次他不仅带上了更多科考工具，还把两个儿子带了过去，帮助挖掘化石。果然，他们在这组页岩层里发现了一个充满了各种化石的小夹层，那里的化石多得数不清。

在之后的十多年里，沃尔科特时常返回布尔吉斯隘口进行挖掘。不幸的是，海伦娜于 1911 年的一场火车事故中去世。几年后，沃尔科特娶了艺术家玛丽·沃克斯为妻，她顶替了海伦娜的角色，陪伴沃尔科特在野外挖掘化石。玛丽发挥自己的特长，辅导沃尔科特提高化石素描的能力，后来出土的化石都被沃尔科特用精美速写画记录了下来。

沃尔科特及其他学者从这个小夹层里陆续挖出了几万枚生物化石，这些化石的多样性十分丰富，包括三叶虫、海百合、海绵、海葵等，共计 100 余种动物，它们都来自寒武纪中期。根据布尔吉斯隘口的地名，这个化石群被称为布尔吉斯动物群。它的出现，意味着至少在寒武纪中期，地球上的生命已经完成了大规模的分化。

埃迪卡拉动物群——比寒武纪更久远

布尔吉斯动物群让我们能够一窥寒武纪中期的生命形态。到了 20 世纪中期,一个更早的动物群粉墨登场,为我们打开了探视寒武纪之前生命分化历程的窗口,这个生物群被称为埃迪卡拉动物群。

寒武纪是显生宙的第一个纪,而埃迪卡拉纪(在中国被称为震旦纪)则位于寒武纪之前,是元古宙的最后一个纪。实际上,埃迪卡拉纪的化石最初在 19 世纪就被发现了。1868 年,苏格兰地质学家亚历山大·莫里在纽芬兰岛发现了一些特别古老的化石。这些化石是圆盾伞属,属于真菌类生物,它们所在的地层位于地层柱中十分靠下的位置,甚至比寒武纪还要早。那个时候,寒武纪之前的地质年代尚未被定义,当时的学者只能将这些化石描述为"疑似地球上最早的生命迹象"。遗憾的是,它始终没有得到应有的重视,随着时间的推移,这一发现逐渐被世人遗忘。

1946 年,在澳大利亚南部的弗林德斯山脉中,地质学家雷金纳德·斯普里格发现了一种古老的水母化石。斯普里格年少成名,17 岁便成为南澳大利亚皇家科学会的会士。他敏锐地察觉到这些水母化石的与众不同——它们的年代似乎早于寒武纪。这些化石是在埃迪卡拉山岗上被发现的,对新发现充满热情的斯普里格撰写了一篇论文来介绍他的这一重要发现。

然而,当斯普里格将论文投递给著名学术期刊《自然》时,却遭到了拒稿。两年后，他前往英国伦敦参加国际地质学大会，并在会议上再次展示了他的发现。但是，这一发现仍未引起与会学者的足够重视。他们普遍认为，斯普里格可能在某些地方出了差错，因为当时的人们认为，寒武纪之前的生命形式仅限于简单的单细胞生物。尽管水母的结构相对简单，但它们毕竟是多细胞生物，在寒武纪之前存在如此古老的水母似乎令人难以置信。

面对持续的质疑，斯普里格并未过多纠缠。随着时间的推移，可能连他也开始对自己的判断产生了怀疑。时间来到了1956年，一个15岁的英国女孩在莱斯特郡的野外偶然发现了一些叶片状的化石，她声称这些化石来自比寒武纪更早的地层。起初，人们对她的说法持怀疑态度。毕竟，连地质学家斯普里格的发现都难以被接受，一个15岁的业余爱好者的发现自然更难引起人们的关注。

可是到了第二年，莱斯特郡的一群喜欢地质学的高中生在野外露营的时候，接二连三地发现了类似的化石，而且他们都声称这些化石的年代早于寒武纪。这次终于引起了专业人士的关注。在澳大利亚阿德莱德大学工作的奥地利科学家马丁·格莱斯纳将斯普里格的发现以及英国莱斯特郡的新发现汇总起来，终于证实了这些生物的确是生活在比寒武纪更早的年代。后来，这一系列化石被统称为埃迪卡拉动物群。

埃迪卡拉动物群是一大群生活在5.65亿到5.43亿年前的软体多细胞早期动物，它们的发现对理解早期生命的演化具有重要意义，因为它们代表了演化史上的第一次重要的辐射演化，它标志着这些早期的无脊椎动物开始占领地球的浅海水域。

然而,随着埃迪卡拉动物群的发现,一个新的问题逐渐浮现:从埃迪卡拉纪的早期动物群到寒武纪中期的布尔吉斯动物群,这期间动物形态经历了显著的转变,从水母等简单的多细胞动物演化成了形态各异的节肢动物、海绵、蠕虫、腕足动物、棘皮动物,甚至出现了早期脊索动物。那么,在这两个动物群之间的寒武纪早期究竟发生了怎样的演化呢?

时间来到1984年,一个轰动全球的新发现为我们揭开了这一谜团的答案。在中国云南的澄江,有人发现了一个新的动物群,这便是著名的澄江动物群。这一发现不仅填补了寒武纪早期的演化空白,更为我们描绘出了一幅生动的生命演化画卷,使得我们对早期生命演化的理解迈上了一个新的台阶。

生命大爆发的现场记录——云南澄江

1984年6月,中国科学院南京地质古生物研究所的助理研究员侯先光踏上了前往云南省玉溪市澄江县帽天山的古生物考察之旅。在考察的最初几天,他的收获并不多。然而,7月的某一天,当他路过一片页岩区时,命运之神终于眷顾了他。页岩是一类具有薄页状或薄片状层理结构的沉积岩,通常一触即碎,就在侯先光踩过一片页岩时,他脚下的岩石松动了,一枚无脊椎动物化石赫然显露出来。

这一发现让侯先光如获至宝。在接下来的几天里，他继续在当地深入挖掘，结果令人振奋：他找到了大量古生物化石，其中包括曾在布尔吉斯动物群中出现的纳罗虫化石——这是该种古生物化石在亚洲的首次发现。经过进一步研究，这些化石被证实属于寒武纪早期，恰好填补了埃迪卡拉动物群和布尔吉斯动物群之间的空白。侯先光的这一发现无疑为长期困扰学术界的寒武纪早期生命形态问题提供了重要线索。

回到南京后，侯先光立即撰写论文，正式将帽天山的这些动物化石命名为澄江动物群。自此以后，中外学者纷纷前往澄江进行长期的科考挖掘，陆续发现了上百个属的化石，涵盖藻类植物以及海绵、水母、纤毛虫、节肢动物、腔肠动物、云南虫等多种动物。

总体而言，澄江动物群堪称一个保存状态极佳的寒武纪早期海洋动物化石群。它全景式地展现了寒武纪早期的海洋生物世界，就好似"寒武纪生命大爆炸"为我们留下的生动现场记录，成为探究地球早期生命演化历程的关键窗口。相较于布尔吉斯动物群，澄江动物群的化石在软体组织结构的保存上更胜一筹，其细节之清晰，栩栩如生，这无疑是布尔吉斯动物群所无法比拟的优势。得益于澄江动物群的化石，研究人员已成功复原出许多寒武纪时期软体动物的完整形态，从而能够真切地窥见那些古老动物的真实面貌。

这一化石群被国际古生物学界赞誉为"20世纪惊人的科学发现之一"，澄江也因此声名鹊起，被誉为世界古生物圣地。澄江动物群不仅为科学家提供了珍贵的研究素材，更重要的是，它填补了布尔吉斯和埃迪卡拉两个动物群之间的生命演化空白，为我们深入理解地球早期的生命历史和演化进程提供了独一无二的视角。

尽管澄江动物群享誉全球，但它并非中国境内唯一的古生物群，更不是年代最久远的。在澄江动物群被发现之前的1979年，中国学者就已经在安徽淮南发现了一个更为古老的生物群——淮南生物群。这个生物群的化石大约形成于8亿至7.5亿年前的成冰纪时期，主要包含藻类和蠕虫类化石。然而，由于其地理分布相对局限，生物多样性不够丰富，且化石数量有限，淮南生物群并未引起过多关注。

另一个举足轻重的中国动物群是贵州凯里动物群。与澄江动物群相似，它也源自寒武纪早期的页岩层。贵州凯里动物群同样出土了许多物种，其中不少与澄江动物群共有，例如奇虾等。这种虾状节肢动物体长可达70厘米，拥有一双与乒乓球大小相仿的巨大复眼。奇虾的发现使得部分学者推测，寒武纪早期的动物已经演化出了相当敏锐的视觉能力。在此之前，动物缺乏发达的视觉系统，生存能力受限，捕食更多依赖运气。然而，寒武纪早期生命的视觉功能逐渐完善，拥有了敏锐的感光能力和发达的视觉系统，使得这些生物能更主动地觅食。这一变革对整个生态系统产生了深远影响，推动了生命的演化和繁荣。

这些珍贵的远古化石群对于探究地球早期生命演化及生物多样性变化规律等科学问题具有极高的研究价值。它们不仅增进了我们对古代生物形态的理解，还为研究地球历史提供了难得的资料。

8. 最后一个无所不知的人

费城的学术代表

1846 年,美国费城发生了一起命案。一个农民被人用斧头砍死,嫌疑人是一名男子,警察抓住他时,他的衣服上血迹斑斑,手中的那柄斧头还在滴血。警察将嫌疑人送上了法庭,然而这个男子一口咬定自己当时正在杀鸡,衣服和斧头上沾染的血迹都是鸡血。警察无法分辨这到底是不是鸡血,为了尽快破案,他们找来了外援——约瑟夫·莱迪。

莱迪是费城的一名年轻学者,擅长医学,1844 年刚刚毕业于宾夕法尼亚大学。就在命案发生的同一年,莱迪在猪肉中发现了旋毛虫的存在,这是一种对健康有害的线虫。他的这项发现,在后来拯救了数以万计的人,因为从那以后,美国人改变了饮食习惯,在吃猪肉之前都会进行高温烹煮，从而杀死肉里的微生物。

由于莱迪在医学领域的卓越贡献，警察邀请他协助办案。莱迪用显微镜仔细观察了嫌疑人衣服上的血迹后发现，其中的红细胞里全都没有细胞核。他对警察说："我无法确定这是不是人血，但我可以确定这并不是鸡血，因为鸡的红细胞有细胞核，而人的红细胞没有细胞核。"

这条证据让嫌疑人的说辞不攻自破，他很快就放弃了抵赖，如实供出了谋杀事件的经过。这是世界上第一例利用显微镜破解的命案。由此，莱迪在费城的社会精英中声名鹊起，成为费城学术界的代表人物。

1848年，莱迪受邀参加了在费城举行的美国地质学家协会研讨会。在会议上，他结识了许多当时非常活跃的优秀地质学家，并且提出了一项具有深远影响的建议：下届研讨会，除了地质学家外，其他学科的专家也应被邀请参加，这样能更好地促进地质学与其他领域的交流，推动自然科学的整体进步。

一石激起千层浪，莱迪的建议引起了众多地质学家的共鸣。于是，美国地质学家协会决定进行重组，他们邀请了其他领域的学者，建立了美国科学促进会（AAAS）。这个协会历经岁月的洗礼，如今已经发展成为世界上最大的综合性科学协会，同时也是著名学术期刊《科学》的主办方。它的存在为科学家们提供了一个广阔的舞台，让不同领域的思想碰撞出更加绚烂的火花。

双足站立的恐龙

● 约瑟夫·莱迪

费城的那场会议也给莱迪带来了许多收获,帮他找到了许多地质学和古生物学领域的合作者。1853 年,莱迪返回宾夕法尼亚大学,当上了解剖学教授,并且开始研究古生物学。在费城自然历史博物馆,他用解剖学知识分析了许多古生物化石藏品,并练就了一项绝技——通过观察零碎的骨骼化石,绘制出栩栩如生的古生物复原图,让这些沉寂已久的化石骨骼重新焕发出生命的光彩。

值得一提的是,莱迪的这项绝技得益于他的画家父亲。从小,他的父亲就对他进行绘画技巧的严格训练,虽然过程枯燥,但成就了莱迪的这项技艺。莱迪曾为一本讲解北美软体动物的书籍绘制插画,那些精美且科学严谨的软体动物复原图赢得了人们的赞叹,也巩固了莱迪在北美古生物学界的地位。

1856 年,莱迪的探险家朋友费迪南·海登从遥远的蒙大拿地区给他带来了一枚古生物化石。经过仔细分析,莱迪惊喜地发现它是一枚肉食恐龙的牙齿化石。在那个时代,恐龙研究在欧洲已经取得了一定的进展,然而在北美洲,恐龙化石仍是新鲜事物,甚至有些欧洲人嘲讽说,美国人在挖掘恐龙化石方面可能没有足够的智慧。

海登的这份礼物为莱迪注入了新的活力。莱迪深信,这枚恐龙牙齿化石足以证明,美国人也能在恐龙研究领域取得突破。他呼吁美国的同行们,在野外考察时多多留意与恐龙相关的线索。毕竟,恐龙这个远古时代的洪荒巨兽太吸引人了,无论在当时还是现在,都是古生物学领域的热门课题。莱迪激励大家道:"美国的土地如此辽阔,肯定有无数恐龙化石等待我们去发现。我们要努力做出些成绩来,让那些轻视我们的欧洲人好好看看!"

不久后,果然有人传来了好消息:在距离费城不远的一处新泽西州采石场,发现了一具疑似恐龙的古生物化石。这个令人振奋的消息是由业余人士威廉·帕克·福尔克带来的,他是一名狱警,但在工作之余,他也会收集和研究化石,具备一定的古生物学基础。

福尔克在新泽西州的哈登菲尔德度假时,遇到了一位当地的农民。在一次闲聊中,农民提及了一件20年前的往事。那时候,这位农民在当地的一座采石场开采泥灰岩,这种岩石质地柔滑且富含营养物质,磨碎后是优质的肥料添加剂。在开采过程中,他意外地挖掘出许多硕大的动物骨头。虽然这些骨头被他丢弃了,但它们的样貌仍然历历在目。

福尔克的直觉告诉他,这些骨头可能是珍贵的古生物化石。于是,他竭力说服农民带他前往那座采石场,并且从费城的几个博物馆找来一些助手,重新开始挖掘工作。

毕竟20年过去了,当年那个泥灰岩坑洞早已废弃,被附近的河水冲垮,农民无法确定发现骨骼的确切位置,只能依靠模糊的记忆猜测。然而，他的运气出奇的好，虽然第一天猜错了地方，但第二天就找到了正确的位置，成功挖到了那个泥灰岩坑洞。

挖掘工作迅速展开，一切进行得非常顺利。在离地面大约3米深的地方，他们果然挖到了一堆动物的骨骼。福尔克仔细检查后发现，这些骨骼来自同一只动物，包括完整的四肢和左半部分的臀骨，还有28块椎骨和9颗牙齿。他一丝不苟地对每一块骨骼进行基本测量，并现场将它们临摹了下来，然后用布和稻草小心翼翼地包裹起来。

在仔细观察后，福尔克欣喜若狂，虽然没有找到头骨，但这具骨架的其他部位已经相当完整。他曾经见过欧洲人绘制的恐龙化石素描图。从形态上看，这具骨架很可能属于一只恐龙！

莱迪得知这个好消息后火速赶到现场，接手了这些化石，倾尽几个月的时间仔细研究这些遗骸。他利用自己最擅长的比较解剖学知识和复原绘画技巧，描绘出了这种生物活着时的样子，并将其命名为福尔克鸭嘴龙。根据化石中的肢体比例，莱迪得出一个结论：这只恐龙是双足站立的动物——而在那之前，欧洲学者们几乎都认为恐龙全都是四脚着地的动物，类似于蜥蜴或鳄鱼。

欧洲人的这种认识要"归功于"英国生物学家理查德·欧文。那时候，欧文是恐龙研究的权威，毕竟"恐龙"这个词就是他发明的。为了举办1851年的万国工业博览会，英国维多利亚女王在伦敦海德公园修建了一座以玻璃为外墙的展览馆，名为水晶宫。在欧文的建议下，水晶宫内放置了一批恐龙及其他古生物的雕塑，这些

• 欧文和霍金斯为万国工业博览会制作的恐龙模型，现存于伦敦水晶宫公园

　　雕塑的样子是依据禽龙化石设计的，草图由欧文亲自绘制，然后交给技术精湛的雕塑家本杰明·沃特豪斯·霍金斯制作。

　　然而，由于当时的禽龙化石很不完整，恐龙外貌的很多细节都源自欧文的想象。最终，这批恐龙雕塑以四足着地的样貌呈现在了各国参会代表的面前，让所有参观者都震撼得目瞪口呆。伦敦甚至出现了万人空巷的盛况，人们纷纷来到水晶宫观看恐龙雕塑。恐龙形象很快就在全世界深入人心。

　　虽然欧文这批雕塑的宣传效果不错，为这场成功的博览会锦上添花，但他的复原工作做得并不科学，甚至连禽龙化石的发现者吉迪恩·曼特尔都不太满意这样的造型。虽然曼特尔在展览馆完工前就去世了，但他曾参观过雕塑的半成品。他批评欧文说，这些雕塑看上去不像爬行动物，而更像是哺乳动物，甚至有点像狗和犀牛的杂交体，显得不伦不类。

莱迪在 1856 年的发现颠覆了人们对恐龙的理解，为了彻底改变公众对恐龙的刻板印象，他邀请了曾经与欧文合作的雕塑家霍金斯，以 1∶1 的等身比例，仔细地复制了鸭嘴龙的每一块骨骼，甚至对缺失的部分进行了精准补全。随后，他们进行了精心拼装，塑造出了一具站立着的完整鸭嘴龙骨架模型。

1868 年，这具鸭嘴龙骨架模型在费城的自然科学院公开展出。这是世界上首个完整恐龙骨架的展出，是古生物学界的里程碑。这具鸭嘴龙骨架不仅使莱迪成为北美洲恐龙研究领域的奠基人，也证实了北美洲和欧洲一样，同样有着丰富的恐龙化石资源。

受辱的美国人

1859 年，达尔文发表了《物种起源》，提出了以"物竞天择，适者生存"为核心思想的进化论。当莱迪读到这本书时，他立刻意识到了进化论的重要性。达尔文的新理论解释了许多隐藏于化石记录中令人困惑的现象，而这些现象莱迪在此前的研究中都遇到过，但未能给出合适的解释。

达尔文的进化论让莱迪拍案叫绝。1860 年，一批美国学者联名向达尔文写公开信，表示对进化论的支持，而莱迪作为美国古生物界最具影响力的人物之一也在其中，这无疑提升了这封信的价值和支持力度。

随后，莱迪将进化论的核心思想整合到了自己的科研工作中。他运用自然选择的原理，解释了北美洲不同地层里化石种类的变迁。同时，他收集到的化石记录，也为达尔文的理论提供了更多的实证支持。在宾夕法尼亚大学授课时，他不顾反对，将进化论纳入了课程，向学生们介绍了这一前卫观点。

尽管进化论拥有众多支持者，但引发的争议也相当广泛。那位设计了水晶宫恐龙雕塑的欧文就是主要反对者之一。1860年，欧文集结了一众反对进化论的学者，在牛津大学主办的学术会议上，对达尔文展开了激烈的批判。达尔文在事前得知了欧文的意图，因此并未出席，然而，他的坚定支持者托马斯·赫胥黎勇敢地站了出来，与欧文等反对派展开了一场激烈的辩论。

其实，赫胥黎与欧文之间原本就有些私人过节，欧文曾为追求名誉而试图将赫胥黎的一些成就占为己有。因此，在这场辩论中，无论于公于私，赫胥黎都毫无保留地火力全开，用严谨的逻辑和丰富的知识储备，将欧文驳得无言以对。

黔驴技穷的欧文甚至请来了牛津的威伯福斯主教作为外援，以期能驳倒赫胥黎。一个知名的科学家，在一场科学会议上，居然邀请宗教领袖作为盟友去攻击另一位科学家，这一不可理喻的行为，在整个科学史上都很罕见。

● 托马斯·赫胥黎

随后，经典的一幕出现了。恼羞成怒的威伯福斯主教指着一位来自美国的学者，质问赫胥黎："你看看这个美国人，然后告诉我，到底他的爷爷是猴子呢，还是奶奶是猴子？"看到这一幕，旁观的群众都清楚，这场辩论从学术角度来看，欧文及其盟友已经一败涂地了。欧文更是羞愧得提前离开了会场，场面十分狼狈。

这场会议上，赫胥黎的风采和欧文的丑态很快通过媒体传遍了全欧洲。一些原本中立的学者在会后开始支持达尔文。甚至有一位英国科学家以"大猩猩"为笔名，写了一首嘲讽欧文的打油诗，让欧文颜面扫地。那位被恶意攻击的美国学者名叫约翰·德拉佩尔，是纽约大学医学院的院长，在美国生物学界享有很高的声望，不料却当众遭到了侮辱。

当时的美国学术圈一直被欧洲老牌强国的学者所轻视。这也难怪，当时的美国和欧洲同行之间的确存在着客观差距。法国的巴黎大学自 1213 年开始便有权授予博士学位，到了 19 世纪，博士学位的授予权已成为欧洲名校的标配，然而直至 1860 年，美国仍然没有任何一所大学具备授予博士学位的资格。在欧洲人固有的观念中，美国人被视为暴发户，虽然经济实力日益增强，但他们的文化领域仍然是一片荒漠。

事实上，德拉佩尔出生于英国，只因他在美国的大学工作，便遭到威伯福斯主教的当众嘲讽。尽管赫胥黎在场为他解围，但许多美国学者对此愤愤不平，其中包括年轻的学者奥思尼尔·马什。马什把这笔账记在了欧文头上，他原本就从科学的角度看好进化论，而在德拉佩尔受辱事件之后，他更是坚定地成了达尔文的支持者，决意要尽自己所能，推翻欧文的学术威权。

左膀和右臂的决裂

虽然年纪轻轻，但马什已经在美国古生物学界备受瞩目。出名更早的莱迪也对他赞赏有加，十分看好他的才华和潜力。马什背后还有一个强大的资金来源，那就是他那位慈善家叔叔乔治·皮巴蒂。在马什的请求下，皮巴蒂出资创建了耶鲁大学皮巴蒂博物馆，并交给马什管理。在皮巴蒂的慷慨资助下，雄心勃勃的马什以耶鲁大学为基地，建立起了一个化石"帝国"。

早些年，马什曾赴欧洲短期留学，其间结识了莱迪的学生爱德华·柯普。柯普从9岁起就在费城的一家研究所担任助手，协助绘制古生物的复原图。后来，莱迪兼任了这家研究所的负责人，他很快就发现这个年轻人在绘制古生物复原图方面的才华，于是收他为徒。

• 马什（左）和柯普（右）

在莱迪的悉心指导下，柯普的绘图技艺日益精进，甚至有青出于蓝的势头。当福尔克在新泽西采石场挖掘那具鸭嘴龙化石时，柯普也在现场协助。从那时起，那座采石场成为柯普主要的化石来源地。

马什和柯普的研究领域相近，而且都和莱迪有渊源，他们在欧洲相识后便一拍即合，成为合作伙伴。这两个人，一个是莱迪看好的新兴潜力股，一个是莱迪最引以为傲的学生，见到他们展开合作，莱迪很高兴，他深信这两个年轻人假以时日必将大有作为，而且将来会成为自己的左膀右臂。然而，这个美好的愿望后来却以十分离谱的方式落空了。

事情的起因要追溯到新泽西州那座盛产化石的采石场。柯普出于好心，带着马什参观了这座采石场。然而，马什后来的行为却令人失望，他背地里收买了采石场的工人，垄断了那里的化石，这使得两人之间的关系出现了裂痕。

然而，事情并没有就此结束。几个月后，柯普发现了一种全新的中生代海洋爬行动物，他组装了化石，将其命名为薄片龙，并把研究手稿寄给了学术期刊。马什听说后，又提出要来参观。尽管柯普对马什已经心存芥蒂，但还是答应了这个请求。然而，经验更为丰富的马什很快发现，柯普在拼装化石时犯了个本末倒置的错误——他弄混了化石中的颈椎和尾骨，把头骨接到了尾巴上。

柯普在请教了莱迪之后，确认自己真的犯了低级错误。他大惊失色，赶紧联系学术期刊，撤回了稿件。原本这件事让柯普欠了马什一个人情，有利于两人重归旧好。然而，满嘴跑火车的马什却到处宣扬柯普的失误，甚至还添油加醋地编了不少段子，让柯普的名誉受损。这使得柯普和马什的关系彻底破裂。

1869年，横跨北美大陆的太平洋铁路竣工，火车从此可以直接通往美国西部。马什了解到美国西部荒野深处有许多地方的环境非常适宜化石的发掘，因此他下定决心前往那里大展拳脚。那个年

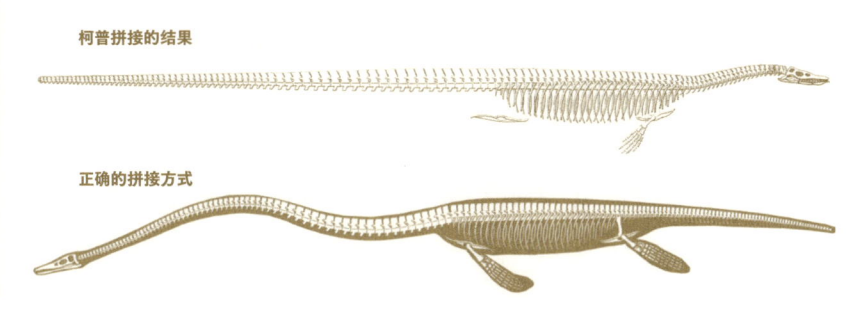

柯普拼接的结果

正确的拼接方式

• 柯普在拼接薄片龙化石时犯的错误

• 马什（后排中）和他的武装助手们。虽然马什和美国西部的印第安人领袖红云有不错的私交，但他去西部考察时，仍会在队伍里安排武装人员，来预防原住民的袭击，保证自己和团队的安全

代的美国西部充满了危险，恶劣的自然环境、凶猛的野生动物等不可预知的风险，都让旅程充满了挑战。但马什为了获取更多的化石，毅然决然地踏上了通往西部的火车。

马什的行动让柯普深感焦虑。自从失去新泽西州的采石场后，柯普不再有稳定的化石来源，无法抗衡财大气粗的马什。为了继续进行他的古生物研究，柯普不得不跟随马什的步伐，硬着头皮也来到了西部。就这样，这场科学史上被称为"龙骨战争"的荒野大竞赛拉开了序幕。

卑鄙的恶性竞争

在荒凉的犹因他山脉，马什与柯普展开了第一场激烈的较量。恰逢莱迪也在那里考察，他刚刚发现了一种新的古生物——犹因他兽。不久，马什和柯普也闻讯而来，争先恐后地展开了挖掘工作，两人都挖出了许多犹因他兽的化石。莱迪起初还感到欣慰，以为他们是来帮忙的。

然而，事情的发展让莱迪始料未及。这两个人并没有协助他，反而各怀心思地在不同的犹因他兽化石个体之间寻找微小的差异，并以此为依据，宣称自己发现了新的物种。他们如同雪花般的电报飞向了东海岸的各大学术期刊和报社，让编辑们都看傻了眼，因为他们所宣称的那些所谓的新物种特征，实在是太牵强了。然而鉴于二人的名气和过往在古生物界的口碑，编辑们又不得不相信了他们的鬼话。

几周之内，原本都属于犹因他兽的化石，却被马什和柯普当作新物种，赋予了20多种不同的名字。这场混乱的恶性竞争，让犹因他兽的真正特征和分类标准变得模糊不清，留下的后遗症直到很多年后才被解决。

当地的犹因他兽化石被挖掘殆尽，但马什和柯普都没有停下来的打算。他们继续发电报给报社，互相指责对方偷走了自己的发现，并纷纷向莱迪寻求支持，希望他成为自己这边的证人。犹因他山脉发生的一切让莱迪大为震惊，他是一个传统的学者，眼前马什和柯普的这种公然不顾学术道德、只追求压倒对手的恶性竞争行为完全超出了他的理解范围。他突然感到一阵悲凉：他已经老了，年轻人的这种游戏规则他根本适应不了。于是他谁也没帮，打道回府。从那之后，莱迪逐渐淡出了古生物学的学术圈。

莱迪离开了，马什和柯普的竞争却愈演愈烈。在接下来的几年里，这两人在美国西部的荒山野岭中上演了一出出好戏。他们在远离文明世界的山谷里风餐露宿，过着原始人般的生活，只为了挖掘到比竞争对手更多、更好的化石。为了抢占先机，他们用尽了各种阴谋甚至卑鄙的手段，包括派间谍、截电报，甚至假扮车匪路霸或原住民去洗劫对方的营地。

相较于柯普，马什的手段显得更为激进和不计后果。为了防止柯普占得便宜，马什甚至用炸药来摧毁无法带走的恐龙化石。柯普听说此事，差点气出了心脏病，但当时的美国还没有关于保护化石文物的法律法规，柯普也没有丝毫办法去阻止马什。

尽管两人之间的争端不断升级，但他们的挖掘成果的确很丰硕。几年下来，马什和柯普共发现了超过130种新的古生物，其中有许多都是人们耳熟能详的品种，包括异特龙、腕龙、梁龙、剑龙、无齿翼龙等。他们还在科罗拉多发现了一处富含侏罗纪恐龙的地层——莫里逊组，让那里成为古生物学界尽人皆知的侏罗纪公园。

从犹因他山脉到布里基尔堡，从蒙大拿到科罗拉多，马什和柯普在野外基本打平，谁也没占太大的便宜。但是，心态更加卑鄙的马什决定采取更加不光彩的手段，把柯普从学术圈里赶出去。

马什收买了黑心的记者，让他们在媒体上集体指责柯普学术造假，称其之前的成果都是从自己这里偷走的。他还找来一些无良律师，专门寻找合同中的漏洞，企图霸占柯普的化石藏品。面对这种情况，柯普被迫发表文章进行反击。两位科学家居然在学术期刊上互相咒骂，言辞恶毒粗鲁，令整个学术界都感到尴尬和无奈。

赫胥黎的来访

在恶性竞争的同时，该做的科研两个人倒是都没有落下。马什始终没有忘记自己的初衷——协助达尔文和赫胥黎挑战欧文的权威，同时提升美国的科研地位。正是在这样的背景下，马什向远在欧洲的赫胥黎传去了一个喜讯：他在野外挖掘到了33种来自不同地质年代的马类化石，这些化石足以拼凑出马类的完整演化历程。

赫胥黎得到这个消息之后非常振奋，他想到了一件事情，此前，俄罗斯人科瓦列夫斯基总结了前人发现的马类化石，他发现，最初的马类动物体型小，脚趾有5个；随后的马类体型增大，但脚趾只剩下3个；到了现代，马已经成为大型牲畜，而脚趾只剩下1个。

科瓦列夫斯基详细梳理了马类演化的谱系，并将它们与不同时代马类的生活环境联系起来。他之所以研究马类的演化，是想将自然科学与社会改革相类比。他是革命派，与俄罗斯革命家赫尔岑是好友，他希望通过马类的演化史来论证一件事：当社会环境发生变革时，革命是必然发生的。

尽管科瓦列夫斯基未能实现革命梦想，但他的研究引起了赫胥黎的关注。读了科瓦列夫斯基的著作后，赫胥黎对马类的演化史产生了浓厚的兴趣，因为这对达尔文的进化论来说是一个有力的证据。可惜的是，科瓦列夫斯基总结的马类化石并不能完整覆盖马类演化的所有阶段，赫胥黎无法在这个方向上继续前进。所以，当接到马什的来信后，赫胥黎满怀期待，决定亲自去一趟美国。

1876年，赫胥黎到耶鲁大学拜访了马什。当他的手指轻轻触碰到那些马类化石时，赫胥黎的心中涌动着难以言表的激动。他赞美马什是世界上最伟大的魔术师，变出了进化论最需要的证据。听到这番称赞，马什欣然接受，然后神秘地对赫胥黎说，他还有一个更为惊人的化石要展示给他。

那是一种史前鸟类的化石，被命名为黄昏鸟。它是介于恐龙和鸟类之间的物种，尽管它更像鸟类，但仍保留了一些恐龙的特征。赫胥黎简直欣喜若狂，因为对他来说，这种黄昏鸟化石比那些马类化石还要珍贵。

赫胥黎的兴奋并非没有原因。1861年，有个德国人在巴伐利亚发现了一枚化石，那是恐龙和现代鸟类之间的另一个过渡物种——始祖鸟，是进化论的有力证据。然而，时任大英博物馆自然科学部主管的欧文利用职权之便，砸下重金将这枚化石收归囊中，并藏在了博物馆的库房里，禁止赫胥黎研究。赫胥黎虽心有不甘，但无奈欧文在学术界的地位甚高，他只能眼睁睁地看着欧文独享这枚化石。

• 黄昏鸟的化石

马什发现的黄昏鸟化石,对赫胥黎来说如同雪中送炭。此时欧文已经垂垂老矣,对于美国发生的事情,他也鞭长莫及、无能为力。于是,这枚黄昏鸟化石成为进化论的关键证据,为达尔文赢得了一大批新的支持者。

拉马克主义

马类化石和黄昏鸟化石的发现使美国在学术圈的地位显著提

升，让许多欧洲人对美国的古生物学界刮目相看。美国学者们终于能够扬眉吐气了，甚至连处于半隐退状态的莱迪也感受到了久违的欣喜。然而，有一位美国学者心中却暗暗不爽，那就是柯普。这并不是因为他不爱国，他的不爽主要针对两个方面：首先，这次的风头被马什抢走了；其次，让马什出风头的是马类化石。

马类化石怎么会让柯普不爽呢？这与他的学术立场有关。马什和莱迪都坚定地支持进化论的观点，然而在这件事上，柯普的立场则较为独特。他既不属于欧文那种保守派，也不完全赞同达尔文的看法，而是选择了第三条道路——他承认生物在演化，但并不认同"优胜劣汰"的演化方式。柯普的这种立场被称为拉马克主义。

拉马克主义源自法国生物学家拉马克。事实上，首次提出生命进化概念的并非达尔文，而是拉马克——他在1809年就发表了这个观点，被称为拉马克主义。然而，拉马克主义对生命进化原因的解释与达尔文的进化论存在显著的差异。

许多人习惯用长颈鹿作为例子，来阐述拉马克与达尔文之间的不同。拉马克认为，长颈鹿为了能够吃到更高处的树叶，它们会不断地伸展脖子。一代代下来，经过对颈部肌肉和骨骼的长期锻炼，长颈鹿的脖子会逐渐变长。这样的理论被称为"用进废退"和"获得性遗传"。

而达尔文则认为，长颈鹿的脖子原本并不长，但偶然的随机演化使得部分长颈鹿的脖子变长了。后来，脖子长的长颈鹿能够吃到更高处的树叶，因此在残酷的竞争中获得了优势，得以生存下来，而脖子短的长颈鹿则被淘汰掉了,这就是适者生存。

柯普之所以支持拉马克,是因为他在生物化石的演变中,看到了明显的线性趋势。比如,随着地质年代的变化,某种动物的尾巴可能会越变越长,或者越变越短,但不会一会儿变长,一会儿变短。但是,地球的环境是不断变化的,冷热干湿总是交替出现。他认为,如果达尔文的理论是正确的,那么生物演化的方向应该会随着环境的周期性变化而反复横跳。然而,这与他在化石记录中所观察到的线性趋势并不相符。

19世纪中叶,生物电学领域取得了突飞猛进的发展。当时,有人进行了细胞电实验,发现电能在生物器官中积聚。这一发现给予了柯普新的灵感:这些残留在生物器官中的电能,是否就是推动器官演化的力量?如果能够证明这一点,那么他就能够对拉马克主义中的"用进废退"理论做出更系统的解释了。

为了探索这个可能性,柯普埋头苦干,最终他找到了一个生动的例证——马类的演化史!凑巧的是,每当马什收集到马类化石时,柯普作为竞争者也能挖掘到相似的化石。在经过仔细的整理和深入思考后,柯普提出了关于马类演化历程的另一套说法。

按照柯普的描述,马类的演化历程大致如下:在中新世,早期的原始马在大草原上驰骋。当马奔跑时,中间脚趾承受的力最大。根据当时的理论,生物活动会产生电流,于是,马身体中的电流集中到了中间的脚趾上,这使得这根脚趾变得越来越长、越来越大,而侧边的脚趾由于无法获得足够的"电力"而逐渐退化了。因此,

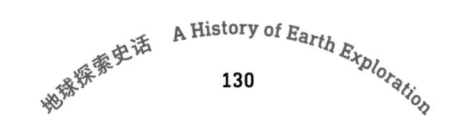

马的脚趾数量逐渐减少，最后只剩下一根脚趾。

拉马克主义在如今已被否定，因为分子生物学的研究表明，生物后天习得的性状功能，无论其使用频率如何，都无法编码到染色体中，这从根本上推翻了拉马克主义核心理念之一的"获得性遗传"。然而在那个时代，柯普的马类演化模型受到了许多学者乃至宗教界和政界人士的青睐，因为在他讲述的故事中，并未涉及"适者生存"所暗示的残酷场景。

眼见赫胥黎利用马什挖到的马类化石为进化论带来了大量的关注度，柯普心里非常不爽。但反过来，柯普对马类演化的另一种解释，也给马什带来了巨大的压力。赫胥黎离开后，他们双双再度西行，开启了下一场角逐。

为了能在荒野上继续寻找更多的化石，马什和柯普分别找到了实力强大的盟友。马什的盟友是正在考察科罗拉多河流域的探险家约翰·鲍威尔，而柯普的盟友则是当年给莱迪送去恐龙牙齿化石的那位朋友——正在考察落基山脉的费迪南·海登。

两败俱伤

在鲍威尔的协助下，马什在西部风光无限。然而柯普却出师不利，由于行程被延误，他错过了海登的大队人马，导致这次野外之旅异常艰难。为了寻找新的化石发掘点，柯普孤身冒险，深入连原住民都不敢涉足的荒凉地带，途中差点坠崖身亡。

马什终于在与柯普的竞争中占据了优势，但他的好运也即将告罄。1890年，马什又在野外炸毁了一批珍贵的恐龙化石，此举彻底激怒了柯普。在柯普看来，马什这种"我不能拥有，你也别想得到"的行为无异于犯罪，他在报纸上揭露了这一行为，对马什进行了严厉的谴责。

柯普的谴责檄文起到了一定效果，被舆论攻击得焦头烂额的马什决定彻底铲除柯普这个心腹之患。为了做到这一点，马什用尽各种阴谋诡计，在学术圈里挑拨离间地排挤柯普，甚至依靠几个讼棍侵吞了柯普的大部分化石。此时的马什如日中天，他已担任美国科学院院长，又是美国地质调查局古生物部的首席科学家。柯普根本无法与他抗衡，不仅失去了工作，还陷入破产的境地，身无分文。

柯普甚至已经被逼得住进了贫民窟，退无可退了，他决定孤注一掷，和马什拼个鱼死网破。

在纽约的一家报刊上，柯普将马什历年来的学术舞弊、履历造假、挪用公款甚至盗窃化石等各种罪状一一罗列，并公之于众。很快，这个新闻就登上各大主流报纸的头条。

这个突发事件甚至惊动了美国国会。那天，参议院正在与各大科研院所的代表们开会。有位议员踩着一本关于黄昏鸟的书，大声质问地质调查局的代表，你们用纳税人的钱去研究这种早就灭绝的鸟，究竟是何居心！

在巨大的舆论压力下，美国地质调查局解散了古生物学部，并在1892年解雇了马什，而史密森尼博物馆则没收了马什的大部分化

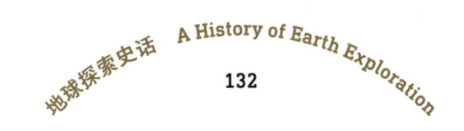

石。马什的化石帝国瞬间倒塌,虽然法国科学院在1897年为马什颁布了古生物学领域的最高荣誉居维叶奖,但此时的他已经元气大伤、力不从心了。不久后,柯普和马什相继在穷困潦倒中默默离世,这场旷日持久的"龙骨战争"终于尘埃落定,最终两败俱伤。

落幕

见证了"龙骨战争"步入尾声,莱迪也于1891年辞世。或许是马什和柯普这两个曾经的"左膀右臂"太让他失望,莱迪在职业生涯的后期不再那么活跃,并且成了一个自相矛盾的人。

尽管他私下里对从事各种职业的普通人都非常友善慷慨且充满欣赏,但在公开场合,他却总是对广大群众恶语相向,说他们愚昧无知、缺乏教养、忘恩负义。他认为,每个人都有保证健康的权利,并因此公开指责费城的官员们不重视环保,导致费城的水源受到污染;然而,他又明确支持密西西比州的一位医生在病人不知情的前提下,对他们进行危险的寄生虫实验,因为这种研究能拯救更多的人。他既是一个废奴主义者,支持南方的黑人走出种植园,获得人身自由,但又坚信白种人相对其他人种有天然的优越性。

尽管他的言行引起了一些争议,但这些争议大多与历史的局限性有关。后人对莱迪的总体评价是积极的,最经典的评价来自柯普的学生——古生物学家亨利·奥斯本,他说莱迪是"世界上最后一个无所不知的人"。

9. 长满羽毛的中国恐龙

尘封的谜题

1892年,马什被美国地质调查局解雇,他倾注了无数心血构建的化石帝国在瞬间崩溃。不过,他的慈善家叔叔乔治·皮巴蒂为他捐赠创立的皮巴蒂博物馆被耶鲁大学完好地保留下来。马什在1899年离世,他毕生所积累的研究手稿被悉数封存在这座博物馆里,逐渐被世人遗忘。

时光荏苒,历史来到了1961年,耶鲁大学迎来了一个重要的新成员——约翰·奥斯特罗姆。奥斯特罗姆出生在纽约,自小就对医学抱有极大的热情。本科期间,他在纽约联合学院攻读医学预科(美国的大学在本科阶段通常不设医学专业,只有医学预科),计划着将来进入医学院进修,然后追随父亲的脚步成为一名医生。

然而,正如众多地质学前辈所经历的那样,奥斯特罗姆在研习医学期间，意外地被化石所吸引，从此改变了人生的轨迹。据说，奥斯特罗姆是因为阅读了古生物学家辛普森的《进化的意义》一书，对地球历史及生命演化产生了浓厚的兴趣，便开始学习古生物学。

1951年，奥斯特罗姆从纽约联合学院毕业后，投身于新墨西哥州的广袤荒野中，开启了人生中第一次野外工作。在这个过程中，他结识了哥伦比亚大学的奈德·科尔伯特。

科尔伯特在当时是古生物学领域的佼佼者。他是亨利·奥斯本的得意门生，而奥斯本又曾受教于柯普，并且继承了柯普的许多学术理念。因此，科尔伯特可被视为柯普学术精神的传承者。他对年轻的奥斯特罗姆非常欣赏，聘请他作为野外助手。随后，奥斯特罗姆以博士生的身份正式加入了科尔伯特在哥伦比亚大学的课题组。

在哥伦比亚大学获得博士学位后，奥斯特罗姆几经辗转，在1961年加入了耶鲁大学，并被任命为皮巴蒂博物馆的副主管。在这个博物馆里，他找到了马什当年留下的遗产——那些被尘封在档案库里长达70年的手稿。就像马什发现地层中的化石一样，奥斯特罗姆重新"发现"了这些无可替代的一手资料，于是研究了起来。

从马什的手稿中，奥斯特罗姆读到了一个来自赫胥黎的猜想：鸟类很可能是某些恐龙演化而来的。当德国首次发掘出始祖鸟的时候，赫胥黎就敏锐地断言，它同时具有爬行动物和鸟类的特征，是连接恐龙和现代鸟类的一座桥梁。

马什为赫胥黎带来了黄昏鸟化石，这不仅帮助赫胥黎驳斥了欧文的"权威"观点，更让他有机会深入研究早期鸟类的解剖特性。在早期鸟类与美颌龙的骨骼之间，赫胥黎发现了许多惊人的相似之处。它们两足站立时的雷同姿势以及臀部结构的惊人相似，都为他的猜想提供了强有力的证据。

基于这些深入的观察，赫胥黎大胆提出：鸟类是由类似于美颌龙的兽脚亚目恐龙演化而来的。然而，由于支持这个猜想的证据仍然相对稀少，这一理论在当时并未得到广泛的认可。随着时间的推移，这个观点逐渐被人们淡忘，只留下一些无人问津的文献记录，如马什的那些研究笔记。

敏捷的远古杀手

在阅读马什的笔记后，奥斯特罗姆仿佛在迷雾中看到了前进的道路，这让他对恐龙灭绝的问题有了新的认识。他回忆起自己在读书时，内心深处便思考过一个问题：恐龙真的全都灭绝了吗？如果赫胥黎的猜想真的成立，那么这个困扰他已久的问题便得到了解答。

奥斯特罗姆决定深耕这个领域，重点研究恐龙与鸟类之间的关系。因为科尔伯特的缘故，他本就与柯普有着师承关系，现在又得到了马什的手稿，这两位生前水火不容的优秀古生物学家，阴差阳错地把智慧和理念都汇聚到了他一个人身上，这让他拥有了研究恐龙的独特优势和条件。

在 1964 年的夏天，奥斯特罗姆与他的助手格兰特·迈耶一同前往美国西北部的蒙大拿州进行野外考察。8 月下旬，考察已经接近尾声，他们开始物色来年的考察地点。一个午后，他们正在一片布满岩石和小山坡的草原上行走。突然，他们在一个山坡上发现了不同寻常的东西——岩层中有一枚显眼的恐龙化石！

这个意外的发现让他们兴奋不已。两人激动地跪在地上，开始挖掘起来。由于是来寻觅第二年的考察地点的，他们那天没有带工具箱，只能徒手挖掘，但心中的兴奋和期待让他们忘记了辛苦。他们很快找到了这只恐龙的牙齿，从这枚锋利的尖牙可以判断出，这是一只肉食恐龙。

第二天，他们带来了工具箱，用更专业的工具把恐龙化石的剩余部分全都挖掘了出来。他们发现，这是一种全新的恐龙，以前从未见过。它最大的特点在脚上——它有三个脚趾，其中最里面那个脚趾有一个又长又弯的趾爪，像一把锋利的镰刀。奥斯特罗姆计算出，这只镰刀般的爪子的弧度对应的圆心角将近 180°。这种新恐龙被命名为恐爪龙类（Deinonychosauria），意思是具有可怕爪子的恐龙。

当时普通公众想象中的恐龙形象和现在的流行文化大不相同，在当时，恐龙被描绘成行动缓慢的怪物。这一形象主要来自人们对侏罗纪早期的安琪龙的印象。

安琪龙属于蜥脚亚目恐龙，与腕龙、梁龙、圆顶龙、禄丰龙等关系密切。这类恐龙的特点是脑袋小，脖子和尾巴都很长，身躯庞大，行动迟缓。当时有一位研究安琪龙的学者，同时也是一位优秀的科普作家，在他的努力下，安琪龙的形象大行于世，让那时候的公众普遍认为恐龙是一类"愚蠢而笨拙"的物种。

不仅是公众，就连许多古生物学家也逐渐形成了这样的固有印象，甚至因这种普遍的误解而失去了对恐龙研究的兴趣。当时有人宣称："恐龙并不值得进行太多认真的研究，因为这些笨重的动物早就被淘汰了，现代的脊椎动物和它们没有任何关系。"

然而，看着这新出土的恐爪龙化石，奥斯特罗姆无法将它们与"笨拙而愚蠢"画上等号。相反，他坚信恐爪龙是一种身轻如鹞的高速狩猎者，拥有着如猛禽一般敏捷的身姿。其实，在初次瞥见这些化石的时候，除了那凶猛的爪子外，奥斯特罗姆还有一种隐约的感觉：这种恐龙的骨骼与早期鸟类的骨骼有着惊人的相似之处！

恐龙"文艺复兴"

为了验证自己的判断，奥斯特罗姆还专程前往欧洲，拜访了德国和荷兰的同行，并且参观了他们收藏的始祖鸟化石。这次欧洲之旅更加坚定了奥斯特罗姆的判断，回家后，他进一步总结出了恐爪龙和鸟类骨骼之间的诸多相似之处。

1974年，奥斯特罗姆发表了一篇具有里程碑意义的论文，正式提出了一个震撼的观点：鸟类就是恐龙的后裔！然而，这篇文章在当时并未得到广泛的认可，因为这个观点太过颠覆公众的传统认知了。恐龙这种让人充满无限遐想的古代猛兽，竟然是火鸡和麻雀的祖先？这简直令人难以接受！很多人甚至开始谩骂、嘲讽、奚落奥斯特罗姆，攻击他是沽名钓誉、不学无术的学术骗子。

关键时候，奥斯特罗姆的学生罗伯特·巴克尔挺身而出，发表了著名的《恐龙文艺复兴》一文来力挺自己的老师。在这篇文章里，巴克尔借用了"文艺复兴"这个概念来描述奥斯特罗姆的研究。不得不说，巴克尔的这个比喻特别巧妙，因为他抓住了"文艺复兴"这个在西方文化里非常重要的符号。

文艺复兴是以复兴古典时期文化为口号，来解放中世纪教会统治下欧洲人民思想的文化运动，对西方文明来说，它是非常重大且充满正能量的历史事件。这就是巴克尔的高明之处，他把奥斯特罗姆的研究比作"文艺复兴"，暗示反对者们可能受到了保守思想的束缚，并呼吁学术界要敞开怀抱，欢迎这种新旧思想的碰撞，不要像当年的欧文那样，在达尔文的新思想面前傲慢地故步自封，最后让自己成为笑柄。

巴克尔的这篇文章不仅成功地占据了道德的制高点，而且以无可辩驳的论述取得了压倒性的胜利，使许多人心悦诚服。自此以后，针对奥斯特罗姆的谩骂和奚落之声明显减少。然而，"鸟类是恐龙的后裔"这一理论仍然存在诸多争议。毕竟，相较于恐龙，始祖鸟和黄昏鸟等过渡物种更接近现代鸟类。当时人们尚未发现更偏向恐龙的过渡物种，因此这个理论缺乏关键证据。

这条关键的证据将在 20 世纪末被人们找到，它来自中国。

孔子鸟

1923年，在北京大学任教的美国地质学家葛利普在当时中国的热河省凌源县（现属辽宁省朝阳市）境内发现了一组富含白垩纪鱼类化石的地层，从此拉开了热河生物群科考的序幕。在接下来的几十年里，科学家们陆续从这片土地上挖掘出了无数的珍稀化石，涵盖了从鱼类到爬行动物，从昆虫到哺乳动物的各种生物。甚至他们还在当地发现了世界上最早的开花植物的化石。

1995年，热河地层中的一种鸟类化石成为全世界古生物学家们关注的焦点。这种鸟被命名为孔子鸟，它生活在大约1.3亿年前的白垩纪初期。孔子鸟化石的出现所引发的轰动不亚于当年的始祖鸟化石。虽然都是早期鸟类，但孔子鸟具有一些独有的特征，比如它同时具有角质喙和尾综骨，这使它在古生物学界中独树一帜。

角质喙和尾综骨都是现代鸟类的特征。如今的鸟类都没有牙齿，上下颌都被硬化的角质层包裹着，这和拥有牙齿的始祖鸟有着本质上的区别。尾综骨则是现代鸟类用来支撑尾部羽毛和肌肉的骨骼结构，它取代了始祖鸟的尾椎骨。孔子鸟同时具有角质喙和尾综骨，说明它比始祖鸟和黄昏鸟更接近现代鸟类。

孔子鸟的发现，在古生物学界中具有里程碑式的意义。作为已知最古老的有喙鸟类，孔子鸟填补了始祖鸟、黄昏鸟等早期有齿鸟类与现代鸟类之间的空白，成为两者之间的重要过渡。其化石中呈现出了明显性二型——雄性拥有长而华丽的装饰性尾羽，而雌性的尾羽则较为简洁，这为我们揭示早期鸟类的行为和演化提供了宝贵的线索。尽管科学家们对孔子鸟的飞行能力仍存争议，但孔子鸟相对较大的翅膀以及类似于现代鸟类的不对称飞羽，已足够表明它应具备基本的飞行能力，或至少能够滑翔。

孔子鸟的发现让热河生物群在国际上声名大噪，没过多久，辽宁西部就又迎来一个更加令人激动的重大发现。

恐龙变成了飞鸟

1995年8月，一位名叫李荫芳的业余化石采集人在辽宁省朝阳市偶然挖掘出一枚被岩石包裹着的古生物化石。虽然不是专业人士，但李荫芳注意到，这是一枚又完整又特别的化石。他判断，这枚化石可能有不俗的科研价值，拿到科研院所去应该能卖个好价钱。于是，他沿着岩石中最薄弱的层理面，将这块岩石小心地一分为二。经过李荫芳的这番操作，岩石中包裹着的这枚化石就像印章一样，被分成了一模一样的两份，一边是像浮雕一样凸出来的正模，而另一边则是凹进去的负模。

1996年，李荫芳带着这枚化石拜访了南京的中国科学院南京地质古生物研究所，卖掉了那枚正模标本；随后，他又转头前往北京的中国地质博物馆，卖掉了负模标本。就这样，这枚只有一张小桌子那么大的化石，被李荫芳卖出了双倍的价钱。后来的事情证明，这枚化石的价值远远超出了人们的预计，哪怕是十倍的价钱，也值得研究所买下。

1996年，中国地质博物馆的古生物学家季强对化石展开了一番研究。这枚化石虽然不大，却蕴含着惊人的秘密，它看上去仿佛一只野鸡，骨骼却显露出恐龙的特征。然而，它身上长着的羽毛，却又使它有别于传统的恐龙形象，这让季强在分类的时候左右为难。

这年9月，结束了蒙古考察的加拿大古生物学家菲尔·居里顺路到访中国北京。在中国古生物学家董枝明的介绍下，居里参观了地质博物馆的这枚化石。居里是个研究恐龙化石的老手，可谓"阅石无数"。董枝明刚对他描述起这枚化石的时候，居里还将信将

• 辽宁出土的原始中华龙鸟化石标本

疑，但当他亲眼看到这枚化石的时候，惊讶得眼珠子都几乎掉了出来。他意识到，虽然这枚化石有羽毛，但从整体结构及骨骼特点看，它应该是一只恐龙。

不过，季强最终没有采纳居里的看法，毕竟在那之前的传统知识体系里，恐龙是不会长羽毛的。他认定这枚化石和始祖鸟、孔子鸟一样，属于一只处于过渡时期的远古鸟类，并起名为"原始中华龙鸟"。然而，此时季强和居里尚不知道，这枚化石在南京还有一份细节更丰富的正模标本。更没有人料到的是，南京那份标本的照片，即将引起国际轰动，并且让这种古生物的真实身份浮出水面。

一个月后，南京地质古生物研究所的古生物学家陈丕基前往美国参加古脊椎动物协会的学术会议。在会议中途的休息时间，陈丕基遇到了同来参会的菲尔·居里，他们谈及南京的那枚带有羽毛的恐龙化石。直到此时，居里才知道，原来南京还有一件"复制品"。随后，他们向国外的同行们展示了南京那枚正模标本的照片。这张照片成功地引爆了整个古生物界，参会的外国古生物学家们纷纷惊叹：天哪，这枚化石真是太神奇了，它看上去明明就是一只长着羽毛的恐龙！甚至连《纽约时报》这样的大众媒体也对这枚化石进行了跟踪报道。

在引发热议之后，陈丕基等学者重新研究了这种古生物。这一次，他们着重研究了那些羽毛状的结构，以及这种动物的骨骼和皮肤。最后他们得出了结论：这枚化石并非过渡时期的鸟类，而是一只被羽毛覆盖着的真正的恐龙，因为它的骨骼和皮肤上有许多明显属于恐龙的细节特征。

这枚化石让人们对恐龙外形的印象再一次被彻底刷新了。奥斯特罗姆也看到了这枚化石的照片，他又激动又惊讶，兴奋异常地说："这是自始祖鸟被发现以来最重要的一枚化石！"1997年3月，奥斯特罗姆来到中国，希望亲眼看到化石的实物，并探索化石出土的辽宁地区。与他同行的还有许多国内外的著名古生物学家，他们风尘仆仆地赶往东北，参观了化石的出土地。

在中国的参观和考察结束后，奥斯特罗姆正式确认，中华龙鸟的确是一只长了原始羽毛的恐龙，他将这枚化石视为"鸟类是恐龙的后裔"的完美证据，也即恐龙"文艺复兴"过程中最有价值的一件作品。然而，与他一同来到中国的堪萨斯大学教授拉里·马丁并不同意这个观点。马丁认为，化石中呈现出的羽毛状物并非真的羽毛，而是一种特殊的皮肤纤维组织。

随着新的争议被点燃，寻找更多的化石证据成为学者们的迫切任务。在接下来的几年里，中外学者们细心地在辽宁西部进行了更深入的搜寻。最终，他们发掘出了更多带有羽毛的古生物化石，包括尾羽鸟和热河鸟等，它们都是现代鸟类的前身。

通过仔细的比较和研究，古生物学家们确认了中华龙鸟化石上那些痕迹确实是羽毛的印记，这意味着，中华龙鸟正式成为人类发现的第一种长有羽毛的恐龙，人类对恐龙外貌特征的理解被再一次地颠覆了！因为具有巨大的科学价值，中华龙鸟的化石被誉为"20世纪最重要的恐龙发现"。

此后，更多的证据陆续被发现。比如，曾有学者研究表明，现生鸟类在胚胎发育过程中，大腿上曾出现异常粗大的羽毛，这说明鸟类的祖先可能具有类似结构，帮助鸟类飞向蓝天。如果恐龙是鸟类祖先的话，那么我们应该能够发现到这样的蛛丝马迹。

21 世纪初，中国科学院古脊椎动物与古人类研究所的青年研究员徐星在辽宁省朝阳市的热河群中发现了一枚小盗龙的化石，其后肢上长有粗大的飞羽，其羽片不对称。一般来说，完全不会飞的鸟，飞羽是大致对称的；而飞行能力越强的鸟，飞羽的不对称性越强。小盗龙的后肢居然长有不对称的飞羽，这意味着它很可能学会了飞行！而且，小盗龙后腿上长羽毛的形态，和鸟类胚胎发育时期相似，这进一步证明恐龙是鸟类的祖先。

赫胥黎可能未曾预料到，在他提出"恐龙变鸟"设想的 100 多年后，一枚来自遥远东方的化石证实了他的猜测。中国学者们在古生物学领域做出了非常重要的贡献。

2023 年，中国科学院的科研团队在中国福建省发现了一种 1.5 亿年前的鸟类化石"政和八闽鸟"。这是目前世界上最古老的鸟类之一，这一发现将鸟类的历史向前推进到了侏罗纪时代，再次改变了我们对鸟类演化的理解。相关研究成果于 2025 年在国际权威科学期刊《自然》上发表，震动了古生物学界。中国的广袤土地下还隐藏着更多的化石，未来还将为古生物学界带来更多的惊喜。

PART 4
第四章
演化与构造

时间深处的沧海桑田

10. 地球的年龄是多少？

失败的应聘

1910 年深秋，伦敦帝国理工学院的大三学生亚瑟·霍姆斯心情低落。几个月前，他看到了大英博物馆发布的一则招聘广告：诚聘"矿物部二级助理"，年薪 150 英镑。对于家境并不宽裕的霍姆斯来说，这笔年薪比他所有家人亲戚的收入总和还要多。"如果能得到这份工作，那还上什么学啊！"于是，在半年的时间里，他只做了一件事情：准备应聘。

这场招聘考试并不简单。霍姆斯实力不俗，在最重要的地质学和矿物学考试中独占鳌头，然而总成绩却位列第二——他的拉丁语成绩严重拖了后腿。遗憾的是，此次招聘只有一个名额，一位名叫沃尔特·坎贝尔·史密斯的竞争对手以微弱的优势赢得了这份工作。

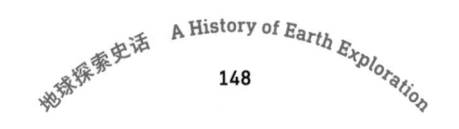

花费了半年的时间，最后竹篮打水一场空，霍姆斯非常失落，他甚至不知道自己下一步该怎么走……

正当霍姆斯对自己的选择产生怀疑、对自己的人生感到迷茫时，他生命中最大的贵人罗伯特·斯特拉特出现了。

发现放射性现象

那时候，贵族出身的斯特拉特初到帝国理工学院任物理系教授，他专注于研究放射性现象。这一领域在当时方兴未艾，成为众多研究者瞩目的焦点。1896 年，法国科学家贝克勒尔在研究磷光现象时不经意间发现了放射性。1898 年，居里夫妇发现了天然放射性元素钋和镭，更是在物理学界掀起了研究放射性的热潮。

罗伯特·斯特拉特的父亲约翰·威廉·斯特拉特（即物理学中大名鼎鼎的瑞利男爵）是一位举世闻名的稀有气体专家，曾担任剑桥大学卡文迪许实验室的负责人。那几年，这个全球领先的物理实验室不断孕育出具有里程碑意义的研究成果，而且都与放射性息息相关。

1897 年，卡文迪许实验室的汤姆孙发现了电子，让公众得知原子不再是不可分割的基本粒子。随后在 1902 年，欧内斯特·卢瑟福和弗雷德里克·索迪发现镭在放射过程中会产生氡这种新元素。将一种元素转变为另一种元素，在此前被认为是不可能实现的事情。在当时人们的认知中，这种改变元素的能力要么属于炼金术的范畴，要么就是神奇的魔法。因为卢瑟福曾在卡文迪许实验室工作过，《纽约时报》甚至发布了"英国人发明了真正的炼金术"这样的头条新闻，尽管卢瑟福早已前往加拿大的麦吉尔大学任教，还有，他是个"新西兰人"（出生于新西兰）。

1903年，卢瑟福和索迪再传捷报——提出了"衰变链"的概念。他们发现，放射性核素铀-238会衰变成钍-234，同时释放出α粒子。然而，这个过程并非就此结束，钍-234作为这条衰变链中的中间核素，会继续发生衰变，依此类推，直至释放出8个α粒子并最终形成一种全新的稳定核素——铅-206。

此外，索迪还发现了一个引人注目的现象：在同一个放射性系统中，每当有半数的核素发生衰变，其所需的时间总是恒定的，他把这个固定时间间隔命名为半衰期。我们以一个漏水的水桶来类比，每当水桶内的水位下降一半，其所需的时间总是相同的。例如，水桶的初始水位为80厘米，一分钟后水位会降至40厘米，又过了一分钟，水位降至20厘米，再过一分钟，水位降到了10厘米。显然，每次水位下降一半所需的时间都是一分钟，那么一分钟就是水桶这个"衰变系统"的半衰期。

利用半衰期，索迪提出了一种实用的计算矿物年龄的方法。假设我们手中有一份矿物标本，只要我们能够准确测定其中铀-238和铅-206核素的数量比例，再假设该矿物在形成过程中未受铅污染，我们便可以依据铀-238的半衰期精确计算出它的形成年代。这种方法被命名为铀铅测年法，它在地质学领域发挥出了巨大的作用。

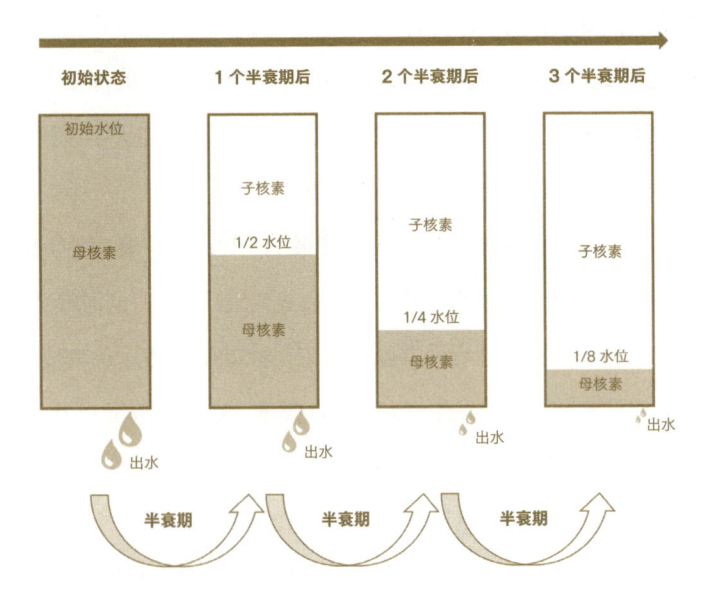

初始状态	1个半衰期后	2个半衰期后	3个半衰期后
初始水位 母核素	子核素 1/2 水位 母核素	子核素 1/4 水位 母核素	子核素 1/8 水位 母核素
出水	出水	出水	出水
半衰期	半衰期	半衰期	

• 用桶内水位的变化来类比放射性物质衰变的半衰期

柳暗花明

见证了物理学界的繁荣发展,尤其是父亲奋斗过的卡文迪许实验室的一个个科学突破,罗伯特·斯特拉特按捺不住内心的激动,开始跃跃欲试。他试图在学生中找几个助手,来协助自己开展放射性物理实验。1910年,斯特拉特在帝国理工学院开设了放射性物理的课程,然而每每授课完毕,他发现学生们的大脑都已经信息过载,根本无法消化所学的知识。只有霍姆斯是个例外。在理解斯特拉特讲授的内容的同时，他还将其与热力学及地质学的知识联系起来，向斯特拉特提出一些颇具深度的问题。斯特拉特对此感到十分惊喜：这个学生竟然对前沿科学有着如此深刻的理解，实在是难能可贵！

当斯特拉特得知霍姆斯在应聘中失利、情绪低落时，他向这位才华横溢的学生伸出了援手："你愿意成为我的研究助理，一同探索放射性物理学吗？"这个邀请给霍姆斯带来的震惊不亚于一场七级地震。他只是一个本科生，却有机会接触如此尖端的科研，这个机会无疑比成为大英博物馆的二级助理要宝贵得多！就这样，大三学生霍姆斯成为斯特拉特的助手。

很快，霍姆斯从斯特拉特那里听闻了一则消息：1907年，美国耶鲁大学有一位名为贝特拉姆·博尔特伍德的化学教授收集了来自不同地点的含铀矿物，并采用铀铅测年法计算了它们的年龄。

霍姆斯灵光一现，他明白这种含铀矿物常常与花岗岩结伴而生，而花岗岩直接由岩浆凝固而成。这表明，这些矿物的年龄实际上代表了所在地层的形成年代。如果能对这些矿物的地质背景进行总结，特别是探明它们来自哪个地层，然后查阅这些地层分别属于地质年代表的哪个时期，那么就能获知相应地质年代到底距今有多少年了。

然而，博尔特伍德已经给这项研究写完了结题报告，并没有结合地质学的信息进行深入挖掘，这让霍姆斯痛心疾首。他认为博尔特伍德是在浪费宝贵的资源，暴殄天物。这也不难理解，毕竟博尔

• 亚瑟·霍姆斯

特伍德是一位化学教授，对地质学并不太了解。然而，对于霍姆斯来说，了解地质年代的确切时间是从小就有的梦想。

他还记得中学时期，家里有本《圣经》，当木匠的父亲在第一页的留白处写了一句话：我们的世界形成于公元前 4004 年。霍姆斯曾问父亲，这个有零有整的数字是怎么来的，父亲告诉他，这是很久以前有个名叫詹姆斯·乌雪的爱尔兰神父根据《圣经》故事中的时间线推算出来的。当时的霍姆斯虽然没学过地质，但也隐隐觉得这推论很不靠谱，于是就去学校请教他的科学老师。老师没有直接回答这个问题，而是给他讲了一个故事，并且送给他了两本书，让他自己去寻找答案。

地质学史上最大的危机

这个故事的起源，要追溯到查尔斯·莱伊尔所总结的均变论原理。莱伊尔被誉为现代地质学之父，是 19 世纪最负盛名的地质学家之一，他的故事我会在后面做详细介绍。莱伊尔提出了均变论主张，他认为，今天仍在运行的地质过程与过去是完全相同的，换言之，地球的面貌在缓慢而渐进地演化着。有些人对这一理论提出了质疑，他们认为，化石记录中的物种灭绝、岩层中的断裂以及平原边缘突然隆起的山脉等现象，都揭示了自然规律中的一些不连续性，无法用均变论来解释。与此相对，他们形成了灾变论学派。

在达尔文的建议下，莱伊尔对均变论进行了修订：地质规律在原则上是不变的，但并不排除偶发灾变的可能性。后来，这套以均变论为基础、灾变论为特殊补充的框架，成为地质学的主流思想。就在这个时候，物理学的领军人物开尔文勋爵拍马赶到，他抛出了一个尖锐的问题，几乎把地质学斩于马下。开尔文提出了什么疑问呢？其实说来也简单：均变论提出的对地球年龄的假设，是否符合热力学第二定律。

开尔文勋爵，原名威廉·汤姆森，年轻时便在物理学界崭露头角。他20多岁就坐上了格拉斯哥大学讲席教授的宝座，备受一线科学家如法拉第、勒尼奥、柯西和焦耳等人的认可，成为一颗冉冉升起的新星。1851年，开尔文阐述了热力学第二定律，即不可能从单一热源吸收热量使其完全转化为有用功而不对环境产生影响。或者说，热量无法自发地从低温物体传递到高温物体。任何违反这一定律的系统都可被视为永动机的一种，而现实世界不存在永动机。

开尔文发现均变论存在一个致命的漏洞，那就是时间问题。均变论主张自然界的演化是匀速的，但这需要足够长的时间才能让地球变成现在的模样。那么，地球的历史究竟有多长呢？或者说，至少需要多少年的时间，才能在均变论的体系下形成我们今天所观察到的世界呢？

1864年，开尔文决定公开挑战整个地质学界，并亲自计算了地球的年龄。他假设地球最初是一个炽热的球体，经过冷却变成了今天的样子。根据这个基本模型和一些复杂的热力学公式，开尔文计算出地球的年龄大约是2千万年。这个结论把地质学逼上了绝路，因为2千万年的时间太短了，远远不足以演变出目前的地貌，也无法走完生物演化历程。

开尔文直言不讳地批评道，如果均变论是真的，那么地球的内部肯定有持续不断的热源，这意味着地球内部是个永动机——显然那是不符合现代物理学的。这一下，不仅莱伊尔等地质学家焦头烂额，包括达尔文、赫胥黎在内的古生物学家们也如坐针毡。

然而，那时尚处于发展初期的地质学还是个以定性描述为主的学科，面对物理学定量计算的碾压只有挨打的份。直至莱伊尔和达尔文离世，地质学家们都没能找到哪怕一次有效的反击机会。

"超级英雄"降临

这个故事在霍姆斯心中留下了深刻的印象，而老师送他的两本书，更是对他影响深远。这两本书，一本是关于热力学的教材，另一本是奥地利地质学家爱德华·修斯的著作。正是因为这两本书，霍姆斯才会同时对热力学和地质学如此着迷，并且在大学期间同时选修了这两个领域的课程。

虽然莱伊尔和达尔文未能捍卫地质学的荣誉,但在霍姆斯读大学的时候,开尔文提出的质疑已经得到了解答。当然了,最终拯救地质学的并非地质学家,而是物理学家。

原来,居里夫妇发现镭元素在衰变时会产生大量热量,甚至足够融化与其重量相当的冰块。基于这个发现,乔治·达尔文(进化论提出者查尔斯·达尔文之子)和约翰·乔利提出了新的理论,解决了地球内部热源的问题:地球内部存在着放射性元素,它们能够产生足够的热量。这意味着地球的冷却速度并没有像开尔文计算的那样快,地球的年龄应该足以支持莱伊尔的均变论。

解决了热源问题,地质学的地位得以保住。然而,霍姆斯认为问题并没有完全解决——地球的年龄究竟有多大,仍然是个未知数。而现在,机会就摆在霍姆斯的面前,索迪的铀铅测年法提供了方法论,博尔特伍德则搜集到了足够多的研究材料。于是,霍姆斯决定主动从耶鲁大学接手这项工作,将其继续推进。

在斯特拉特的协助下,霍姆斯成功获取了那些矿物标本,并迅速投身于他的实验研究。这次,他充分展示了自己在物理学和地质学领域的精湛才能。他不仅重新计算了博尔特伍德的年代测定结果,纠正了其中的一些错误,还重新调查并确认了这些矿物样本的来源地,同时归纳了每个样本所在的地层以及其他地质环境。

霍姆斯的付出获得了丰厚的回报。他发现这些含铀矿物的来源地各不相同,它们的年龄差异显著,分布广泛,涵盖了许多不同的地质年代。根据他的归纳,这些矿物的年龄与所在的地层被一一对

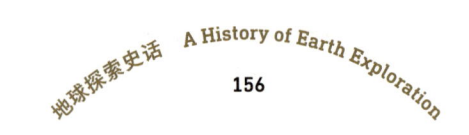

应起来，形成了历史上的第一份带有年代信息数值的地质年代表，这是一项无比卓越的成就！

尽管这份年代表里的年代信息并不完整（因为当时他获取的那批矿物样本并未覆盖所有年代），但能将部分地质年代与具体的数值年龄对应起来，无疑是从零到一的重大突破。他对应的年代包括：

更新世：10万年前

上新世：250万年前

中新世：630万年前

始新世：3千万年前

石炭纪：2亿9千万年前

泥盆纪：3亿5千万年前

奥陶纪：4亿4千万年前

此外，霍姆斯还发现，这批矿物里居然还有一块是来自太古宙的，它的年龄超过了14亿岁！这远远超出了当时人们对地球年龄的认知，甚至比当年莱伊尔和达尔文的估计都还要古老，完全刷新了科学家们的观念。霍姆斯把这些结果发表在了《地球的年龄》一书中，这本书让霍姆斯一炮走红，本科还没毕业的他已经成了地学界的"超级英雄"。

新设备，新结果

实际上，在霍姆斯的时代，科学家们已经意识到了铀铅测年法的卓越之处——这一方法无疑代表了地球化学的一次重大飞跃。然而，它也存在着一个令人困扰的缺陷，那就是对矿物样本的要求较高。例如，在处理一块样本时，如何判断其中的铅元素有多少是源自铀的衰变，又有多少是样本本身原有的？如果不解决这个问题，铀铅测年法就难以准确应用到实践中。此外，我们必须考虑一种可能性，即矿物样本在形成之后，是否可能受到外界铅元素的污染，导致一些来自别处的铅原子进入其中？毕竟，地球的历史如此漫长，各种离奇古怪和不可思议的事情都有可能发生。

为解决这个问题，地质学家们进行了深入的思考。他们看上了一种名为锆石的矿物，其晶体结构几乎不接纳铅原子，因此在形成过程中几乎不可能自带铅元素。然而，它确实可能在初始状态下携带铀元素。更为重要的是，锆石晶体不易发生严重的风化，同时也耐高温高压，不易变质。这使得它成为理想的铀铅测年法的原料，因为我们基本可以确信，锆石中的铅元素都是通过铀元素的衰变产生的。

尽管锆石是最适合作为铀铅测年法的矿物，但锆石的采样难度较高，需要精湛的技艺，同时，其中的铀铅的比例也难以准确测量。古人云：巧妇难为无米之炊。面对这个难题，霍姆斯也没什么好办法，他只能尽可能多地去利用已有的矿物样本，想尽办法从中榨取更多的结果。

在这个关键时刻，明尼苏达大学的地质学家阿尔弗雷德·尼尔挺身而出，他专门为铀铅测年法改进了一种重要的仪器——质谱仪。质谱仪是一种能够分离和检测样品中各种同位素含量的仪器。

其基本原理非常简单：将带电的粒子流发射到一个磁场中，让磁场与移动的带电粒子之间产生相互作用力，使粒子流发生偏转。带电粒子的质量决定了偏转轨迹的半径，这样就能将不同的核素按质量分开。

尼尔改造了更适用于铀铅测年法的质谱仪，实际上这是他在哈佛大学任博士后研究员时期的成果，后来被他带到了明尼苏达大学并进一步完善。他的改进版质谱仪得到的测年结果的精度比以前有了显著提高。

在此之前，霍姆斯曾一度在石油矿业公司任职，负责野外勘探，然而他先后经历了两次失败到几乎送命的勘探任务。第一次是在非洲感染痢疾，失联数月，甚至一度被伦敦法院宣告了法律意义上的死亡；第二次是因公司倒闭，被人遗忘在了缅甸的原始森林里。两次巨大的挫折之后，霍姆斯选择回归学术界，继续潜心研究地球科学。新型铀铅质谱仪的出现让霍姆斯大喜过望，他亲赴明尼苏达大学，借用这台仪器，重新测定了他多年来收集到的、来自世界各地的岩石和矿物样本的年龄。

根据这台质谱仪得出的结果，霍姆斯发现，一些岩石样品的年龄明显超过了10亿年，甚至有些可以达到30亿年，这又一次刷新了人们对地球年龄的认知。

其他学者也纷纷跟进，从世界各地的不同地层里找到了年代测定的材料，终于给每一个地质年代都赋予了时间数据。而且，在铀铅测年法的启发下，一些其他的年代测定方法也陆续登场，比如铷

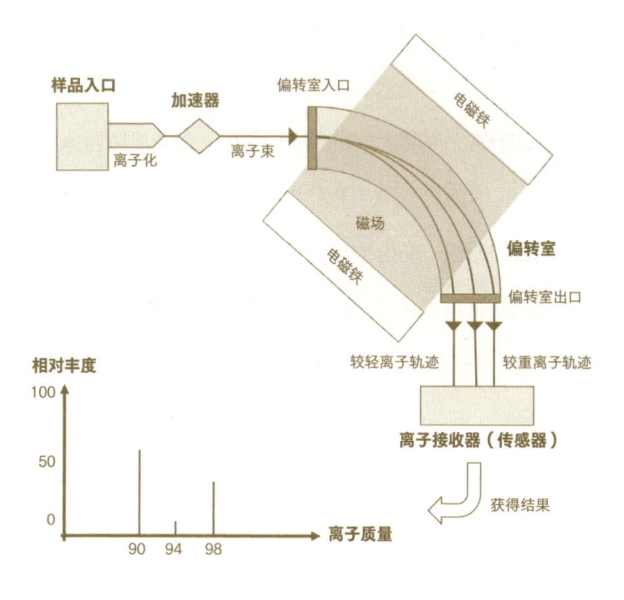

• 质谱仪原理示意图

锶测年法和钾氩测年法等。从此，地质学不再是缺乏数据支撑的定性学科，它也走进了定量的时代。

1956年，美国地质协会授予霍姆斯最高荣誉——彭罗斯奖章。同年，伦敦地质协会也把代表最高荣誉的沃拉斯顿奖章颁给了霍姆斯。有意思的是，在领取沃拉斯顿奖章的时候，给他颁奖的人名叫沃尔特·坎贝尔·史密斯，是当时伦敦地质协会的主席，同时也是大英博物馆矿物部负责人——没错，他就是在当年那场应聘考试中抢了霍姆斯饭碗的那个人，但在某种意义上，他也是成就了霍姆斯的那个人。

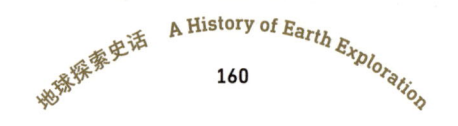

地球，46亿岁了

就在霍姆斯连获两项大奖的同一时期，美国芝加哥大学的天文学教授（也是田纳西橡树岭国家实验室的研究员）克莱尔·帕特森在研究陨石时发现，来自地球不同区域的岩石样本的铀铅核素比例，与他研究的陨石基本一致，这表明陨石和地球属于同一个铀铅同位素系统，也就是说，来自太阳系的陨石的年龄，就是地球的年龄。

于是，帕特森找到了一些铁陨石的样本，将它们带到明尼苏达大学，利用尼尔的质谱仪进行了详细的地质年代测定，发现这些陨石的年龄大约是46亿年，比霍姆斯测出的最古老的地球岩石还要古老。因此，帕特森得出结论：霍姆斯测出的30亿年大致是地球地壳的形成时间，而地球作为一个行星的形成时间应该是46亿年前。这个结论目前已经被主流科学界所公认。

霍姆斯除了研究同位素测年法以外，还是魏格纳大陆漂移假说的早期支持者之一。那时候，魏格纳的假说被视作异端，而霍姆斯为这种"异端邪说"辩护需要极大的勇气，但他愿意接受这样的挑战。他清楚地看到，魏格纳之所以不受认可，是因为他没有讲清楚大陆漂移的机制。于是霍姆斯从热力学角度提出了地幔对流的模型，来解释大陆漂移的动力来源，而这个模型正是日后的海底扩张及当前的板块构造理论的重要组成部分。

1964年，霍姆斯获得了有地质学的诺贝尔奖之誉的维特勒森奖，以表彰他在同位素测年学及大地构造学领域做出的重要贡献。至此，地质学领域公认度最高的三大国际奖项他都拿了个遍。霍姆斯于 1965 年去世，为了纪念他，欧洲地球科学联盟以他的名义设立了亚瑟·霍姆斯奖章，以表彰在固体地球科学领域做出杰出贡献的后辈学者。

11. 山为什么在那里？

傅里叶的"大苹果"

曾有记者问登山家乔治·马洛里为什么要攀登珠穆朗玛峰，马洛里说："因为山就在那里。"从那以后，这句话在登山界尽人皆知，成为户外极限运动圈的励志名言。那么，如果有人问起"山为什么在那里"，马洛里会如何作答呢？我们无从知晓。然而，如果有人请教地质学家们同样的问题，他们肯定会用大地构造学的知识做出解答，因为大地构造学就是研究山脉分布、海陆变化的学科。

大地构造学起源于17世纪。1644年，法国哲学家、数学家笛卡尔在《哲学原理》中提出了一个关于地球形成的理论：地球诞生的时候是一颗炽热的星体，并一直在逐渐冷却，在冷却过程中，地壳的断裂和凹陷创造出高低起伏的地貌，高处是山脉，而低洼处则聚水成海。这是大地构造学历史上的首个试图解释地球海陆分布的模型。

到了19世纪初,随着大规模野外地质考察的开展,人们发现越来越多的地质现象已经无法用笛卡尔的模型去解释了,于是法国物理学家约瑟夫·傅里叶提出了一个新的理论——收缩假说。根据傅里叶的阐述,基于热胀冷缩的原理,地球在逐步冷却的过程中,其半径收缩,进而导致表面积减小。由于表面积的减少,原本能够充裕展开的地壳失去了足够的空间,于是开始了相互挤压,构造出褶皱。这些褶皱,在人类眼中即为巍峨的山脉。

为了便于大家理解,傅里叶还把地球比喻为一个很大的苹果,地壳就是苹果的皮。久放的苹果会发生水分流失,体积萎缩,并在果皮上形成皱纹。在傅里叶的比喻里,地球就像干瘪的大苹果一样,因为变冷而萎缩,表层随之形成皱纹,也就是山脉。

这个"大苹果模型"既简单又生动,一度受到了大多数人的认可,直到几十年后,英国地质学家奥斯蒙德·费希尔才公开指出了其中的错误之处。费希尔是英国地质学家亚当·塞奇威克的学生,也是后文介绍的塞奇威克俱乐部的早期成员。他提出了一个有趣的问题:如果地球的早期历史真的符合"大苹果模型",那么在热胀冷缩的影响下,地球的半径到底会有多大的收缩量呢?

1882年,费希尔完成了计算:按照傅里叶的模型和热力学公式,地球的半径只会缩小10千米,而相对于地球6371千米的半径,这个收缩量太微不足道了,地表因此而压缩出的褶皱落差不会

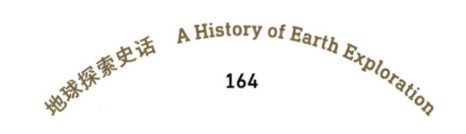

超过 6 米，根本不会形成高大的山脉！费希尔的计算引起了巨大的反响，一举将看似完美的"大苹果模型"踩碎在地。

风靡一时的槽台论

旧的模型被颠覆，地质学者们急切地寻求一个全新的理论来替代它。提出新模型的人是美国的詹姆斯·霍尔，他受雇于纽约地质调查局，本职工作是调查纽约州的古生物化石，却无心插柳地推动了大地构造学的发展。

阿巴拉契亚山脉的北段贯穿纽约州，在化石考察的过程中，霍尔发现这座巨大的山脉几乎完全是由厚厚的沉积物累积而成，并未如其他山脉一般拥有花岗岩或玄武岩作为核心骨架。因此，霍尔提出了一种新的模型：阿巴拉契亚山脉是由大量沉积物在狭长的地槽中积累塑造而成的。

具体来说，这个地方原本是一个低洼的地槽，周围的地表沉积物被流水冲刷到地槽中不断堆积。随着时间的推移，这些沉积物变得越来越厚实。由于沉积物厚度及重量的增加，不堪重负的地槽也会越来越深。这种深度增加的过程会导致更多沉积物被容纳进来，地槽也就越来越挤，受到压缩，进而产生褶皱和断层等地质现象。

在了解霍尔的理论后，耶鲁大学的詹姆斯·德怀特·丹纳提出一个疑问：如果持续用沉积物填充地槽，那么为什么在填充过后，地槽的地势反而会变得比周围更高，最终形成一座山峰呢？为了解决这个问题，丹纳开始着手改进霍尔的理论。

丹纳指出，地槽的深度逐渐增加，并非由于沉积物的堆积，而是由于全球冷却和收缩导致的横向压缩。借鉴地球冷却收缩的理论，丹纳认为地壳的收缩并不均匀，主要集中在大陆与海洋的交界处。这些区域，作为"缝合"之地，较为薄弱，因此地壳收缩量常常比其他地区更大，形成了地势低洼的地槽。当地球继续收缩的时候，地槽两侧的"墙壁"会往中间合拢，堆积在地槽内部的沉积物

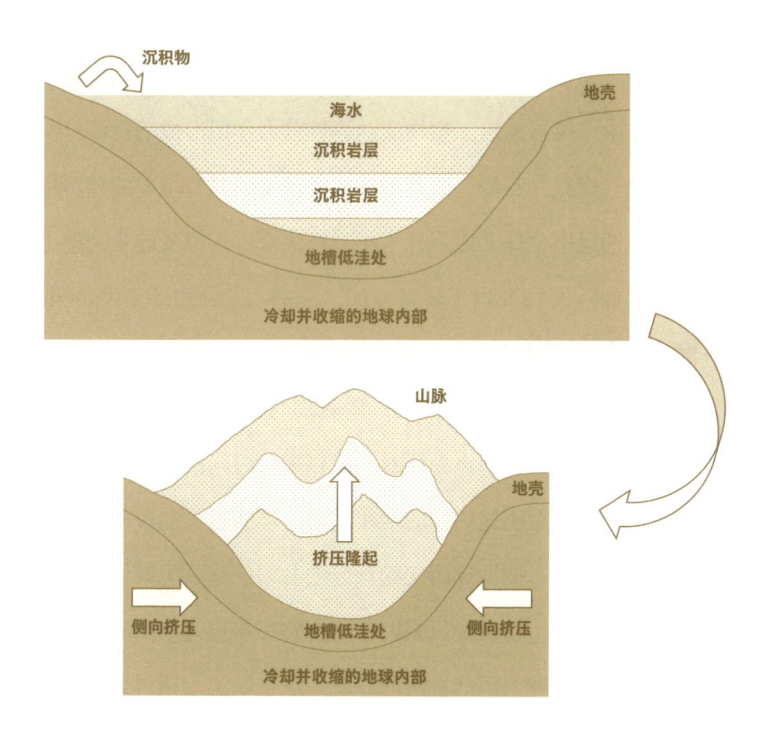

• 地槽—地台说原理示意图

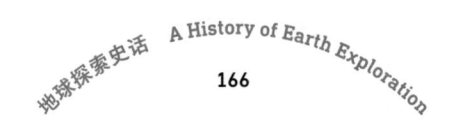

遭到横向挤压，形成褶皱和断层，不得不向上隆起成为山脉。

丹纳的模型被称为"地槽说"，在此基础上，奥地利的爱德华·修斯又将寒武纪以来地质稳定的区域定义为"地台"，从而诞生了著名的"地槽—地台说"简称为槽台说。这一理论具有划时代的意义，它首次将地壳分为活跃的地槽和稳定的地台，通过研究两者的相互转化，地球上的山脉分布和海陆变迁逐渐被揭示出来。

槽台说具有许多优点，尤其在指导矿产资源勘探方面表现出显著的优势。在地槽区域，岩浆活动频繁，这里的矿产资源主要依赖地球内部的内营力作用形成，包括水晶、钻石、稀土元素以及各种金属等。而在地台区域，沉积作用占主导地位，因此这里通常能找到由流水、风、冰川、生物活动等外营力作用形成的资源，例如石膏、盐、煤炭、石油、天然气等。槽台说因具有重要的经济指导意义而迅速风靡全球，成为几十年来被大众广为接受的主流理论。

然而，槽台说也不是万能的，它有几个无法解决的局限性问题。首先，它只讨论了大陆地壳的分类，对于海洋地壳缺乏讨论，这当然也不能怪霍尔和丹纳，毕竟那时候人们对海底的了解太少了。其次，槽台说重点关注寒武纪以来的时间段，一个区域如果在寒武纪以来没有明显活跃的地质活动，那么就可以被视为地台。然而这样一来，占据地球历史约八分之七的前寒武纪就稍显讨论不足了。再有就是，槽台说只强调了沉积物在垂直方向上的变化，却很少讨论水平方向上可能发生的移动。这些缺陷为槽台说留下了巨大的隐患。

旅行的大陆

到了 20 世纪初，槽台说迎来了一个重量级的竞争对手——大陆漂移假说。提出大陆漂移假说的是德国人阿尔弗雷德·魏格纳。根据最流行的说法，魏格纳有一次在医院无聊的时候，盯着墙上的一张地图发呆，无意间注意到非洲和南美洲的轮廓相互吻合，因此灵光一闪，提出了大陆漂移假说。

• 阿尔弗雷德·魏格纳

这应该仅仅是一个传说而已。实际上，在魏格纳之前，已经有不少人注意到了非洲和南美洲的轮廓相互吻合。比如 16 世纪安特卫普的地图学家奥特柳斯就曾对人说，南美洲和非洲两块仿佛是被人从同一张纸上撕开的，而且他的这句话被历史档案记录了下来。由此可见，在魏格纳生活的时代，大陆轮廓的吻合已不再是新鲜事。也就是说，魏格纳肯定并非像传说中那样，在看地图的时候偶然创立了大陆漂移的假说。

魏格纳是一个科学素养很高的人，他在博士期间的物理学老师是量子领域的开创者普朗克。普朗克在给学生上课时经常会强调："永远不要把任何理论视为最终真理。"在普朗克的指导下，魏格纳拥有了类似的科研态度，他说过，在寻求科学问题的答案时，我们需要向着事实前进，而不是向着已有的经验或心理预期前进。

博士毕业后，魏格纳开始从事气象学研究，并在北极督建了格陵兰岛上的第一座气象观测站。他的岳父是著名的气候分类法提出者弗拉迪米尔·柯本，有了柯本的提携和引荐，魏格纳迅速在学术圈积累了声望，成为极地气象领域的知名专家。

正当魏格纳在气象学事业上顺风顺水的时候，第一次世界大战爆发了。魏格纳在德国皇帝威廉二世的号召下参了军，奔赴比利时前线。哪承想，在科研领域大杀四方的魏格纳，到了战场上却总是走背字。进入比利时不到一个月，他就两次负伤：第一次被子弹打中胳膊，第二次甚至被打穿了脖子，差点送命。

重伤的魏格纳被送到后方休养，后来转至德军气象组参与索姆河战役。然而，随着战争陷入僵局，双方都无法推进战线，气象组的作用显得微乎其微。因此，魏格纳返回了他任教的马尔堡大学。那时，学校的课程几乎停摆，魏格纳大部分时间都泡在图书馆里，翻阅地理学、地质学和古生物学的书籍。正是在这段时间，他将先前零碎的思路汇集起来，结合最新的地质发现和成果，经过深入思考，逐渐总结出了大陆漂移假说。

魏格纳的第一个依据来自奥地利地质学家爱德华·修斯的研究成果。修斯在南美洲、非洲和澳大利亚都发现了一种叫舌羊齿的蕨类植物化石。这种植物又不会游泳，它怎么能同时分布在相距那么遥远的三块大陆上呢？

第二条依据更有意思。当时，有人在北极圈发现了热带植物的化石，可是热带植物是怎么跑到北极去的呢？同样，有人在印度南部和马达加斯加等地发现了冰川沉积物和冰川侵蚀的地质痕迹。这种低纬度、低海拔地区怎么会有冰川呢？

最后的疑点才是大西洋两岸轮廓的吻合。其实，除了陆地轮廓以外，大西洋两岸的地貌还有诸多相似之处。北美洲的阿巴拉契亚山脉、非洲的阿特拉斯山脉、北欧的斯堪的纳维亚山脉以及苏格兰北部的山地，它们远隔千里但拥有一些相似的特征，例如它们的地层、煤炭、矿产分布都可以互相对应。这又是怎么回事呢？

在综合了这些现象后，魏格纳提出了大陆漂移假说。虽然他并

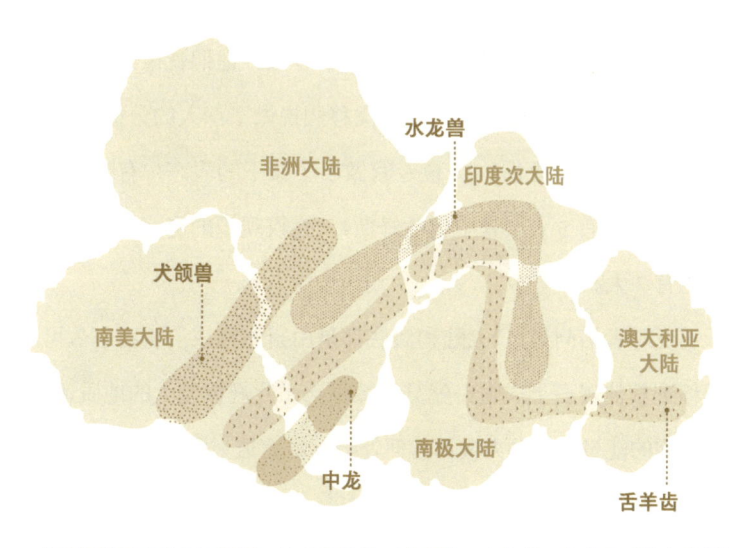

- 大陆漂移假说的化石证据，这些动植物（犬颌兽、水龙兽、中龙及舌羊齿类等）都无法跨越海洋，却出现在不同的大陆上

非首位提出大陆会移动的人，但他却是首位将这一想法系统阐述的人。1915年，他撰写了一本名为《大陆与大洋的起源》的小册子，阐述了这个新颖且大胆的假说。在这本书中，魏格纳主张：在古生代，全球所有大陆都汇集成一个超级大陆，名为泛大陆；到了中生代，泛大陆分裂为北方的劳亚古陆和南方的冈瓦纳大陆（这两个名称都来自修斯的研究成果），并进一步分裂为现有的几块大陆。

这本小册子出人意料的畅销，并被翻译成多种语言，引发了全球范围内的讨论。然而，在巨大的关注中，真正支持大陆漂移假说的人并不多。相反，质疑和反对的声浪愈演愈烈，既有直言不讳的批评，也有阴阳怪气的嘲讽。

1926年，美国石油地质学家协会在纽约召开了一次特别会议，专门讨论魏格纳的这个新理论。除了魏格纳本人以外，这场研讨会汇集了14位当时全球顶尖的地球科学专家，他们就像开审判大会一样，当着魏格纳的面，对大陆漂移假说做了深入的分析和评判。一番激烈的讨论之后，14位专家做出了如下的表态：有限度地支持魏格纳的有5人（其中包括修斯），弃权观望的有2人，强烈反对的有7人。

反对者诘问道："大陆和海底都是由岩石构成，岩石怎么可能漂移到其他岩石上去呢？就算能漂移，如此规模庞大的地质运动，其所需的能量和驱动力又源自何处呢？难道是一只巨大的乌龟驮着陆地在爬行吗？这与印度神话无异！"

魏格纳无法作答。他原本只是一名气象学家，对地球内部的认知并不深入。实际上，魏格纳自己也没有搞明白大陆漂移的机制和动力来源。

惨败，大陆漂移假说被当场否定，从此被打上"外行提出的荒谬言论"的标签，遭到地质学界的冷落和集体抵制。魏格纳不得不放下了大陆漂移假说，把精力重新投入极地气象的研究工作中，毕竟那是他真正热爱的事业。后来，他在1930年于格陵兰岛考察时意外身亡，令人惋惜。

或许连魏格纳自己都未预料到，在他离世后的30年，大陆漂移假说因新证据的发现而再度引起人们的关注。这一次，大陆漂移假说实现了咸鱼翻身。在一系列革新和改造后，它最终得以跻身主流理论之列。

海底在扩张

时光流转，第二次世界大战时期，美国海军为了防备敌军潜艇，在战舰上安装了先进的声呐系统。一位名叫哈里·哈蒙德·赫斯的美国海军舰长在分析声呐数据时，发现了一些不同寻常的迹象。赫斯在战前是个地质学家，他出生在纽约，曾于耶鲁大学就读电气工程专业，后转为地球科学专业，这源自他对这个领域的热爱。

回忆起转专业的经历，赫斯说，他的第一门地球科学课程便没有及格，甚至因此受到系主任的劝诫，建议他回归电气工程领

● 哈利·哈蒙德·赫斯（图片来源：普林斯顿大学《校友周刊》）

域。然而，对于地球科学的热爱让他觉得即使面临困难，也应坚持下去。最终，他以优异的成绩获得了地球科学的学士学位。

在非洲工作两年后，赫斯前往普林斯顿大学继续深造。在博士学习期间，他参与了一些由军方赞助的海洋科学考察。他的卓越表现赢得了美国海军高层的认可，被任命为预备役海军军官。1934 年，赫斯在普林斯顿大学当上了教授。1941 年珍珠港事件爆发后，他从预备役转为现役，投身到战争中。

在战争后期，赫斯担任"约翰逊角"号攻击运输舰的舰长，率领该舰参与了马里亚纳群岛、莱特湾、林加延湾以及硫磺岛等四场重要战役。在这艘配备最新声呐技术的舰艇上，他通过分析数据，敏锐地察觉到太平洋海底地形的一些特征，特别是在马里亚纳群岛和菲律宾附近的海域存在很深的海沟——这样的地貌很难用当时流行的槽台说解释。

作为长期研究地球科学的专家，赫斯的直觉告诉他，海底地形的复杂性未来可能会引起各界的高度关注，成为炙手可热的研究领域。他决定从这里下手，翻开职业生涯的新篇章。

战争结束后,赫斯返回普林斯顿大学继续教书,并着手研究海洋地质。在这期间,他结识了哥伦比亚大学的玛丽·撒普。撒普是地质学史上非常重要的女科学家,她的故事我们后面的章节再讲。当时,撒普仅是哥伦比亚大学的一名普通研究员,但其团队在详细描绘大西洋海底地貌时,发现了一条深藏海底、绵延不绝的大洋中脊。

赫斯在得知这一情况后,早已在心里推翻了槽台说。1962 年,赫斯出版了《海盆的历史》,他在这本书中提出了一个引人注目的观点——大洋中脊是地壳的生长和更新之地。新的地壳在此处诞生,不断将较老的地壳推向两侧。随着地壳年龄的增长,它们会逐渐沉降,最终消失在海沟中。赫斯进一步提出,海洋地壳的活动会带动大陆地壳一起移动,这在一定程度上解释了大陆漂移的驱动力来源。这一理论被称为"海底扩张论",它是对大陆漂移假说的重要发展。

在赫斯的影响下,一批地质学家开始将研究重心转向海底。例如,当时尚未从剑桥大学毕业的博士研究生弗莱德·韦恩在与赫斯的一次交谈后,便开始研究海底岩石中的磁场记录。他发现了一个有趣的现象:海洋地壳中的磁性记录呈条带状分布,并以大洋中脊为轴心左右对称。海底岩石以玄武岩为主,其中的某些矿物对磁场具有高度敏感性,可以作为岩石形成时地磁方向的标记。巧的是,此前正好有科学家指出,地球历史上曾多次出现磁极反转的现象。

将这些线索一一拼凑起来,韦恩终于找到了支持海底扩张论的

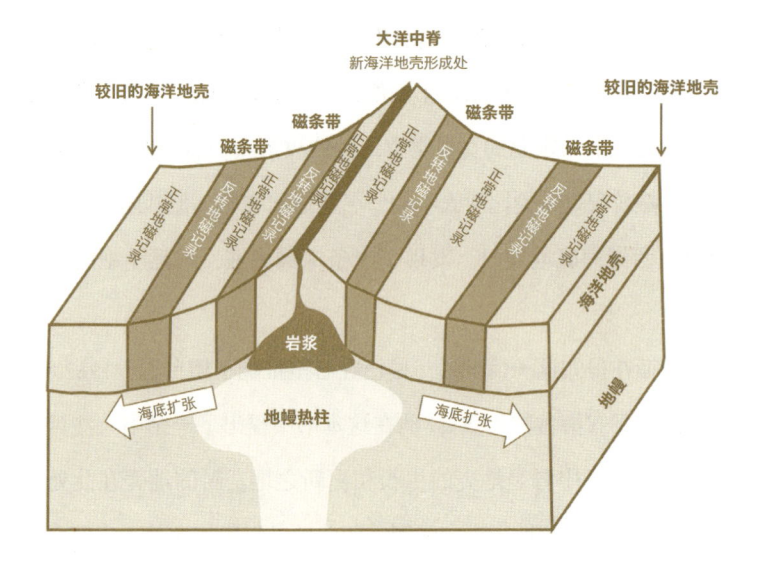

• 海底磁条带示意图

切实证据。他在论文中指出,海底的每一条磁性带都对应着地磁的一次翻转。这些磁条带的形成过程是这样的:当海洋地壳的岩石在大洋中脊处形成时,它们就已经记录下了地磁的方向。随后,这些岩石被更新的岩石推向了大洋中脊的两侧。一旦地磁发生翻转,新形成的岩石就会形成反转的磁条带,与之前的磁条带方向不同。随着时间的推移,所有的磁条带都以大洋中脊为轴心,呈现出对称分布的状态。

在磁条带的佐证下,海底扩张论备受关注,终于盖过了槽台说的风头。然而,海底扩张论仍未解决几个关键问题,其中之一是:消失在海沟深处的地壳到底去哪里了?

深源地震和帝王海岭

揭开这个谜团的重任，落在了加州理工学院地震专家维克托·胡戈·贝尼奥夫的肩上。在 20 世纪中叶，南美洲智利沿岸与太平洋汤加群岛附近发生的几次地震，引起了贝尼奥夫的密切关注。这些地震的震源深度惊人，最深的甚至达到 600 千米。人们发现，这个深度早已进入了地幔的范畴，在那个环境下，岩石的流变性会因高温而发生变化，不足以孕育地震，因为地震通常需要在脆性的岩石中才能发生。

贝尼奥夫深感此事非同寻常，他反复思考，只有一种可能性：脆性的岩石圈顺着智利和汤加附近的海沟沉入了大陆下方的地幔深处，它们还保留了足够的脆性，从而能引发地震。于是，他将这个想法总结成一系列论文，由此提出了俯冲带的设想，为大地构造学的发展填补了一块至关重要的拼图。

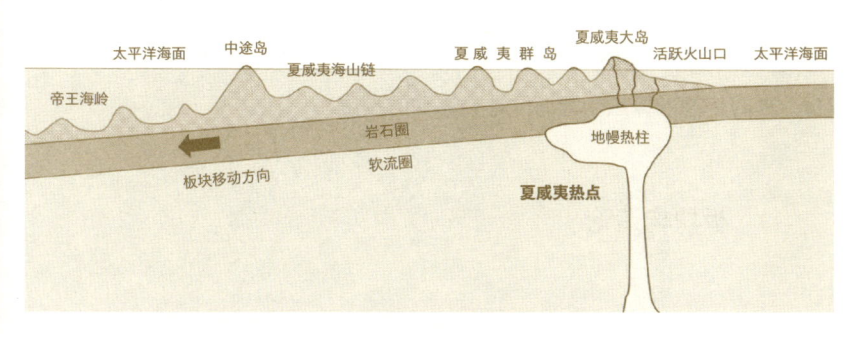

- 夏威夷热点及其对应的岛屿海山链示意图（未按比例绘制）

另一项重要的发现出现在夏威夷群岛。一位名为罗伯特·迪耶茨的教授在一次午餐期间，无意间向同行透露了一项重大发现：在夏威夷和中途岛附近的深海海底，隐藏着一条壮观的帝王海岭。这条海岭的山丘整齐地排成了队列，"就像处于某种传送装置上一样"。

迪耶茨的这番话在餐桌上无意间说出，却成为海底扩张论的又一项证据。夏威夷群岛的下方有一个巨大的地幔热柱，它的温度远高于正常地幔。这个热柱像一个炽热的喷泉，从地幔深部升腾而起，直抵岩石圈，促使岩石熔化成为岩浆。虽然这个热柱的位置几乎固定不变，但远处发生的海底扩张却推动着岩石圈整体移动。当岩石圈的某处裂隙位于热柱的正上方时，熔岩通过裂隙喷出地表形成火山喷发，就会铸成壮观的火山岛。随着岩石圈的移动，这些火山会因为逐渐远离热柱而熄灭，并且会跟随海洋地壳逐渐冷却下沉，形成了在海底整齐列队的帝王海岭。

这个原理与打点计时器的工作方式非常相似。打点计时器的针头是静止不动的，但纸条会移动，于是在纸条上就留下了一连串的点。帝王海岭中的每一座海底山丘就好比纸条上的小点，而地幔热柱就好比是针头。我们甚至可以通过测量海底山丘之间的距离和各自的年龄推算出当地海洋地壳移动的速度。

板块构造论

20世纪60年代末期，伴随着俯冲带和夏威夷海底山丘这两项重要发现，海底扩张论的人气急速上升。法国科学家格扎维埃·勒皮雄在归纳了大量相关研究数据后，提出了一个革新性的概念：构造板块。他发现，大洋中脊和俯冲带将地球表面的岩石圈分割成不同的部分，而每部分的边缘地带正是地球上地质活动最为活跃的区域。

1968年，勒皮雄初步将岩石圈划分为六大板块：太平洋板块、南极板块、亚欧板块、印澳板块、非洲板块和美洲板块。随后经过更深入的研究考证，美洲板块被分为北美板块和南美板块，印澳板块也被分为印度板块和澳大利亚板块。除此之外，这些主要板块之间还存在七个中型板块（纳兹卡板块、菲律宾板块、斯科特板块、可可斯板块、加勒比海板块、阿拉伯板块和胡安·德富卡板块）和许多小微板块。

后来的学者们进一步概括出了三种板块之间的边界类型：生长边界：地壳诞生的地方，如大洋中脊；消亡边界：通常会形成火山弧和造山带，也是山脉隆起的地方，如喜马拉雅山脉和安第斯山脉；转换边界：这是巨大的走滑断层，两侧的地层向着相反方向交错滑动，其中最典型的是美国西部的圣安德烈斯断层。

然后，科学家们便开始挑战这套模型体系中最大的难题：海底扩张的驱动方式。此时做出了关键贡献的是亚瑟·霍姆斯，他提出了地幔对流的概念。在霍姆斯看来，地幔的整体状态就像是在烧开水。烧开水的时候，热气往上升，到了水面会往两侧移动，降温之后又沉到水底，这就形成了翻滚的循环。地幔其实也是这样，地核将地幔下层加热，加热后的地幔物质密度变小，然后向上升起，达

• 岩石圈的主要构造板块

演化与构造：时间深处的沧海桑田

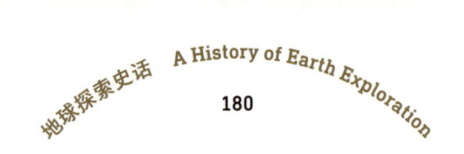

到靠近地表的区域后又会冷却，密度变大并下沉回去。

霍姆斯指出，受热的地幔物质作为黏稠的流体上升到大陆地壳的底部，这使得上方的岩石受热膨胀，导致岩石圈出现断裂，形成裂谷。地幔物质向两侧运动时，带动了岩石圈的移动。因此，陆地会沿着裂谷向两侧分裂，形成原始的海洋地壳。地幔物质不断上涌，从海洋地壳最薄弱的地方溢出地表，形成大洋中脊，海底扩张就此启动。

霍姆斯这一理论的提出，标志着以海底扩张为基础的新模型已经具备了较完备的理论体系，并逐渐发展为"板块构造论"。曾经风光无限的槽台说，此时已逐渐退出了历史舞台。

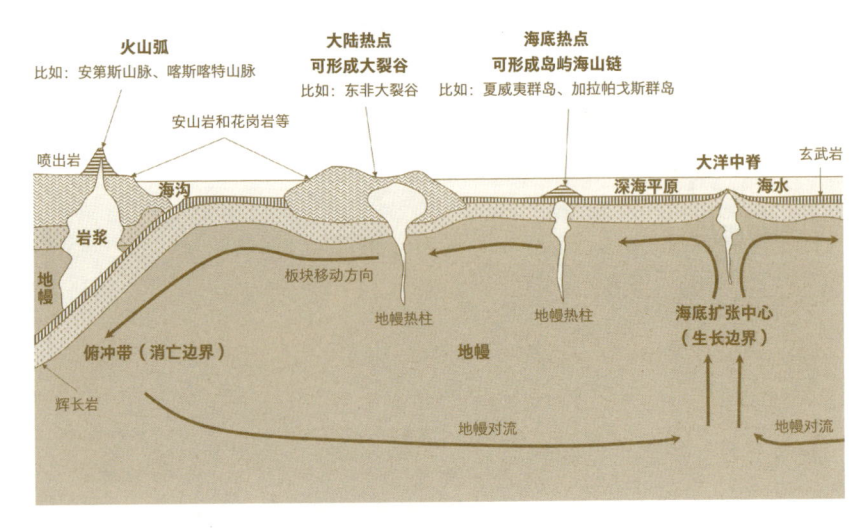

• 海底扩张-板块构造理论示意图

海陆的分分合合

彻底把槽台说请下主席台的是加拿大科学家约翰·图佐·威尔逊。他文武双全,不仅是普林斯顿大学的物理博士,也是户外探险圈家喻户晓的人物,据说他曾在极度饥饿的状态下,手持大斧砍翻了强壮的野生驼鹿。第二次世界大战期间,他作为加拿大皇家空军的一员前往欧洲参战,官至空军上校。

● 约翰·图佐·威尔逊

战后,他返回本科时代的母校多伦多大学,组建了地球物理系。因为极好的人品和极高的学术成就,威尔逊成为享誉世界的地球科学家,哪怕在冷战最剑拔弩张的时候,苏联都派代表团参加由他在西方国家主持的学术会议。后来,他又以国际专家的身份两次访问中国,并先后撰写了两本有关中国历史和文化的畅销科普书,客观上促进了西方民众对中国的了解,在中国和欧美各国广泛建交的前夜,缓和了西方民间对华的敌对情绪。

当然,这些贡献都只是威尔逊刷的"副本",对于科学发展来说,威尔逊做出的最大贡献是他在1974年提出的威尔逊旋回模型。威尔逊旋回模型归纳了地球历史上海陆变化的过程,帮助人类厘清了地球的过去、现在和未来的海陆变化,让人类对自己家园的认知

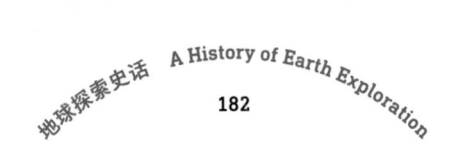

水平又上了一个台阶。

威尔逊旋回描述的是陆地分分合合的过程。如果以海洋为视角，那么它描述的就是一片海洋从形成到闭合的整个生命周期。首先是海洋的"胚胎期"——炽热的地幔物质从深处升起，加热大陆所在的岩石圈。在地幔的影响下，岩石圈会裂开，在大陆上形成裂谷。目前典型的例子就是东非大裂谷。

有的裂谷会继续生长，产生海洋地壳，形成长条形的初生海盆。如今的亚丁湾和红海就处于这个阶段，也就是威尔逊旋回的第二个阶段——海洋的"幼年期"。大洋中脊会在这时候形成，海底扩张也逐渐开始。随着海底扩张的发生，海洋会越来越宽、越来越深，逐步进入"成年期"。如今地球上典型的成年期海洋是大西洋。此时的海洋中部是大洋中脊，拥有成熟的海盆，并且仍然在扩张。

当海洋的宽度达到了极限，就会盛极而衰，进入"衰退期"，比如当今的太平洋。这时候大洋中部虽然还是有大洋中脊，还在不断地制造新的海洋地壳，但在海洋的边缘，俯冲活动已经非常普遍。在俯冲带，海洋地壳消减的速度大于大洋中脊处的新生速度。因此，大洋会越来越小，四周的陆地逐渐开始靠拢。随着陆地越来越近，大洋中脊最终也会消亡。

至此，海洋就不再有新生的地壳，进入了它的晚年，也就是"终结期"。比如，地中海就是古代特提斯海的残余部分。在最后，海洋会完全消失，四周的大陆会撞在一起，形成广泛的造山带。新的超级大陆诞生了，威尔逊旋回进入了下一个周期。

我们经常听到的泛大陆（或称联合古陆、盘古大陆）就是离我们最近的一次超级大陆聚合，它形成于约 3 亿年前。科学家们通过古地磁和重力学等手段，已经成功还原了泛大陆之前的海陆变迁史，证明了在泛大陆之前，地球上还存在过好几次古老的超级大陆事件，包括罗迪尼亚超级大陆和哥伦比亚超级大陆等。正如《三国演义》中说的"天下大势，分久必合，合久必分"，地球的陆地也经历了多次的分分合合，我们今天看到的大陆和海洋，不过是这漫长演化过程中的一个瞬间罢了。

威尔逊旋回的提出让槽台说彻底失宠，大地构造学也成为我们今天所熟知的样子。魏格纳在 20 世纪初提出的大陆漂移假说，经过海底扩张论和板块构造论的两次升级，终于在 20 世纪 80 年代获得了主流理论的地位。这段历史在科学史里被称为"构造大革命"，是地质学发展史中最为波澜壮阔的一段。

那么，板块构造论是不是终点呢？倒也不一定，因为它也有很多缺陷，比如板块运动最初的启动机制目前尚不明确，未来它可能被进一步完善，也可能被更好的理论取代，但就目前来说，它的确是大地构造学的相关假说中最"不坏"的一个。

科学就是这样，它并不代表真理，只是一种思维方式和开展研究的规范方法。科学理论不一定是对的——正好相反，科学最大的特点是它可以被证伪。每一次旧有的科学理论被质疑乃至被推翻，并不是科学出了问题，而是科学在进步，这是科学和伪科学之间最本质的区别，也是科学最具魅力的地方。

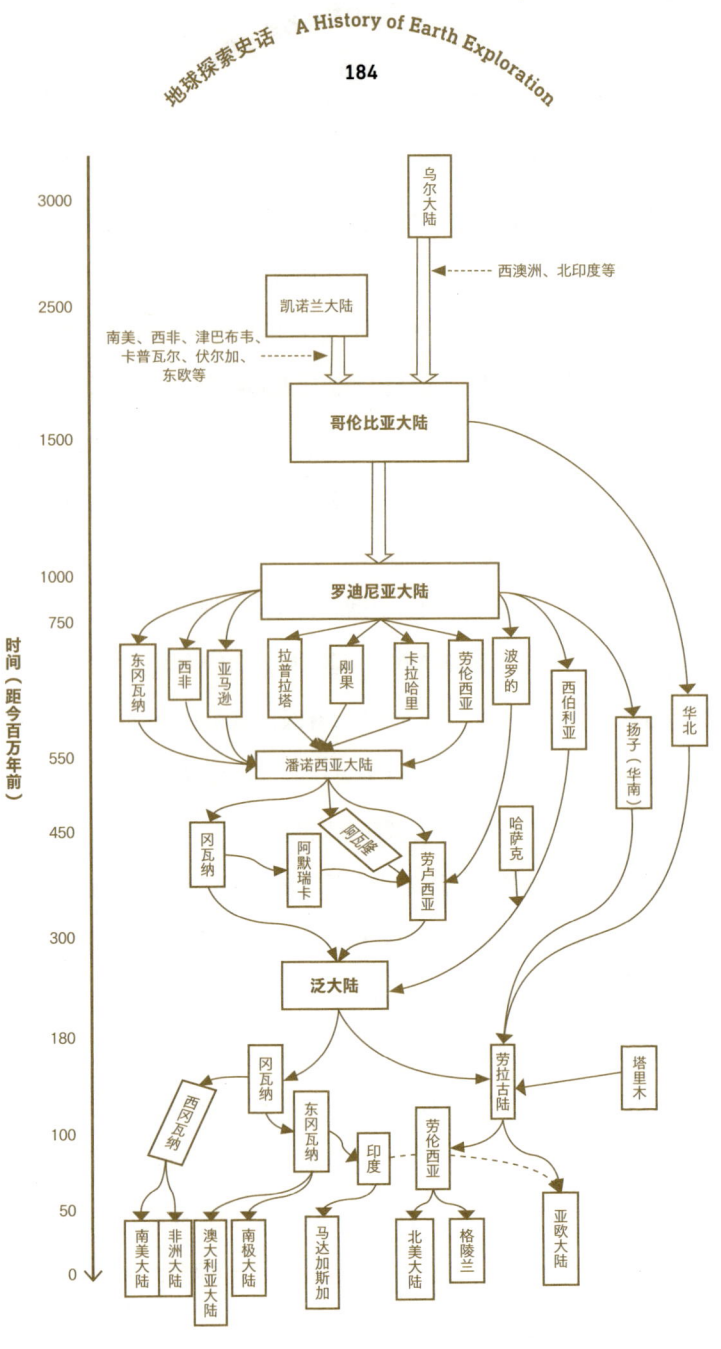

• 世界主要陆块的分合历史示意图（时间跨度未按比例绘制）

PART 5
第五章
开拓者们

探寻未知的自然遗迹

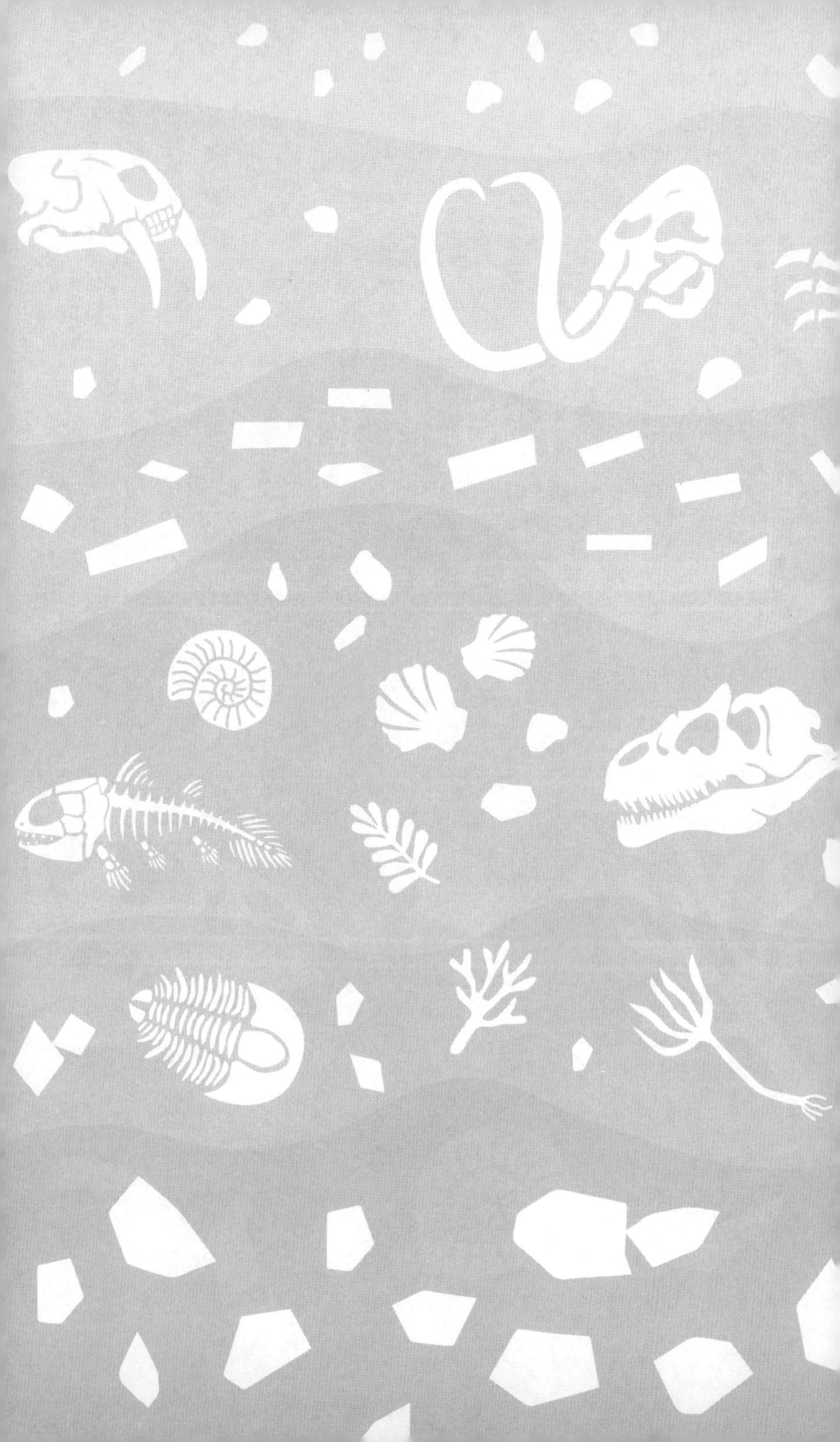

12. 伟大的滞销书作家

任性的富二代

1788 年,一家苏格兰学术出版社收到了一份书稿,这部作品的标题堪称宏伟——《地球的理论》。编辑们最初以为这是某位著名教授寄来的最新大作,然而当他们看向署名处时,一个出乎意料的名字跃入眼帘——詹姆斯·赫顿。

公平地说,赫顿虽然不是什么著名教授,但在那个时代,他的名字对于苏格兰科学界并不陌生。学术圈的人多多少少都知道,这位赫顿其实是一个继承了巨额财产的本土富商后代,手握足够让人毕生无忧的财富。

这笔雄厚的资金使得赫顿无须忧虑生计问题。他在大学期间可以随心所欲地选择自己想要研究的领域。1740 年,赫顿在家乡的爱丁堡大学开始求学旅程,他最初是个文科生,一年多后转至荷兰

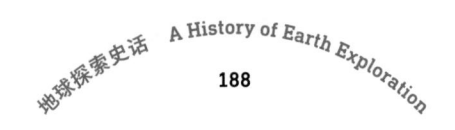

学医，毕业后在朋友们的影响下开启了对化学领域的探索之路，利用所学的化学知识开设了一家化工厂，在家族商业基因的帮助下大获成功。

在此之后，赫顿漫游北欧，与几位专门研究化石的学者相遇。在这些学者的影响下，他走上了地质学的研究道路，一边到野外观察更多的地层和化石，一边在欧洲各国的学术圈里广交朋友——蒸汽机的发明人瓦特、《国富论》的作者亚当·斯密等一众名流都是他的好友。

赫顿的滞销书

1788年，赫顿将自己对岩层的考察和研究结果凝聚成书稿，名字叫《地球的理论》。

赫顿第一次"出手"便是大招。这本书稿里有他对岩层和地球历史的思考，尤其是对一个世纪前的丹麦学者尼古拉斯·斯泰诺提出的叠覆律等基本定律做出了进一步的总结和延伸。

叠覆律是沉积学中至关重要的基础理论，其原理其实颇为直观：岩层犹如一本厚重的历史书籍，每一页都记录着某个特定时期的故事，它们按时间顺序有序排列，最古老的篇章藏于底部，而最新鲜的故事则记载于顶端。赫顿就是在此基础上提出了一条新定律——切割律。他解释道：当一个地质要素（如断层、侵蚀面等）切割穿透另一个地质要素时，则被穿透要素的形成年代，必定比穿透要素本身的年代更加久远。正如索尔兹伯里岩壁中插入沉积层内部的玄武岩脉，其形成时间肯定晚于被切穿的沉积岩层。因为从逻辑上讲，后形成的物质有可能破坏已存在之物，反之则在时间顺序上无法自圆其说。

其实，切割律的道理本身很简单。然而赫顿并没就此作罢，而是进行了更深入的思考：新的地质要素去切割旧的地质要素，这能带给我们什么关于地球历史的启示呢？

赫顿认为，索尔兹伯里岩壁正是地球系统周期性运行的证据，它向我们阐述了地球历史遵循着某种周期法则。因此，他的著作中有这样一句对于地球历史描述的名言："没有开始之迹象，亦无结束之痕迹。"他强调，地球历史呈现周期性变化，并以特定规律进行螺旋式前进，并非像许多人所设想那般线性渐进发展。

1795年，书稿经过扩充后正式以上下两卷的方式单独发行。赫顿满怀自信，期待他的著作能引起广泛讨论。然而，结果令人大失所望——这本书几乎无人问津。造成这个局面的原因主要在于赫顿自身：他的文笔实在太差，不仅词不达意、晦涩难懂，甚至连基本的语句通顺都做不到，所以出版之后成了滞销书。

然而，赫顿的滞销书并没有彻底沉寂下去。爱丁堡大学的数学和自然哲学教授约翰·普莱费尔看到了这本书。普莱费尔在读了《地球的理论》之后发现，赫顿难解的文句背后竟藏着极具价值的科学洞见，其中有些观点足以震撼整个科学界！

普莱费尔为何会有如此高的评价？这与当时正在激烈进行的一

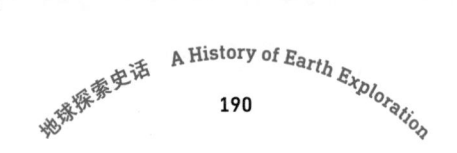

场学术辩论紧密相关，那就是水成论和火成论之争。

水火不容

在地球科学史上，虽然各种学术争议层出不穷，但像水成论和火成论之争那样影响深远的却也屈指可数。那不仅仅是一场关于理念观点的纷争，更是决定我们应该如何理解世界的过去、现在及未来发展的重大理论战役。

水成论和火成论是两种相互竞争的理论，它们都试图解释一个基本问题：岩石是如何形成的？

水成论的理念源远流长，但真正以科学角度提出并系统阐述水成论的人，是德国弗莱贝格矿业学校知名地质学家亚伯拉罕·维尔纳。他根据罗马神话中的海神Neptune之名，给自己的学派起了水成论（Neptunism，直译为尼普顿主义）这个拉风的名字。维尔纳主张，地球曾被浩渺无边的原始海洋所覆盖，在漫长岁月里，原始海洋逐步消退并留下大量沉积物。这些沉积物发生硬化，形成了我们今日所见的诸多岩层。这的确是许多沉积岩的来历，世界上的岩石不止沉积岩一种，但维尔纳坚信，所有岩石都源于海洋。

维尔纳不仅根据德国萨克森地区的地质状况建立了系统的水成论概念，还培养出了一大批优秀的学生，其中有很多都在后来功成名就，比如现代地理学的奠基人亚历山大·冯·洪堡、编写了"莫氏硬度表"（描述矿物相对硬度）的弗里德里希·莫斯、提出了矿物微观结构"晶带定律"的矿物学家魏斯等。这些优秀学生们毕业后，又分散到欧洲、美洲，在不同的大学和机构里当老师，让维尔纳的学术传承家谱愈发枝繁叶茂起来。此时，水成论几乎变成一种信仰。

与水成论针锋相对的理论是火成论（Plutonism，直译为普卢托主义），这是以罗马神话中的冥界之神Pluto命名。有趣的是，水成论和火成论的英文名，正好与海王星及冥王星的英文单词对应，让它们之间的交锋有了点星球大战的意味。

火成论的最初提出人是意大利学者安东·莫洛，他有次去火山岛上考察，意识到了岩石的形成可能与火山活动有关，岩石可能是岩浆凝固而成的。

以意大利西西里岛的埃特纳火山为例，海拔3000多米的地层中竟藏有海洋软体动物化石，而这些化石与仍在地中海生活的同类相差无几。这些地层必定是在较近年代内迅速抬升至此高度，那么究竟是何力量使其抬升的呢？地质学家推测：埃特纳火山深处发生了岩浆侵入事件，那些含有软体动物化石的沉积地层，都是被其下方由岩浆凝结成的新岩层从下往上"顶"起来的。这也就意味着，并不是所有的岩石都来自水环境，有的岩石是岩浆凝固后形成的，也就是所谓的"火成岩"。

反败为胜

水成论和火成论的争议惊动了普莱费尔。普莱费尔虽然主要研

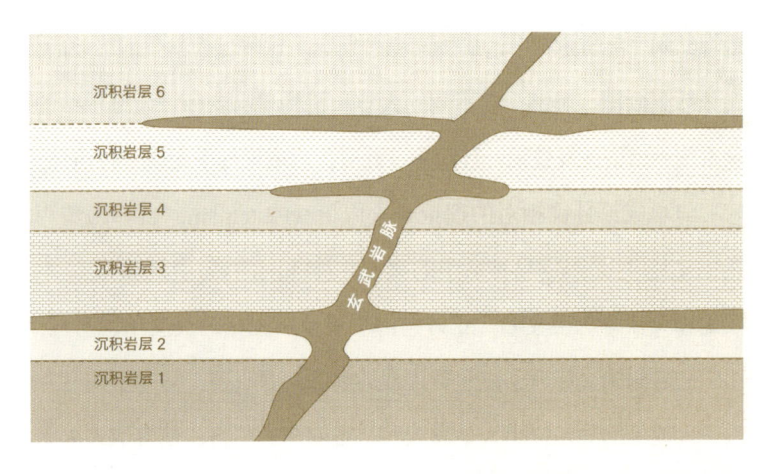

• 水平分布的沉积岩层依次形成后,火山活动让玄武质岩浆切入其中,冷却后形成年轻的玄武岩脉

究数学,但对地质学也感兴趣,他根据自己的思考,在这场争论里站在了火成论一边,不过毕竟自己是个外行,直接发表意见不太合适。这时候,他读到了赫顿的《地球的理论》,这本文笔不及格的书让普雷费尔如获至宝。赫顿在书中详细描写了切割律,以及他观察到的玄武岩切入沉积岩层的现象。那么,这些玄武岩是怎么来的呢?当然是岩浆凝固而成的。原本这里是一层摞一层水平排布的沉积岩层,有一天,附近的火山活动释放出岩浆,它们顺着缝隙侵入沉积岩层中,凝固之后成了玄武岩脉。这不就是火成论的证据吗!

普莱费尔十分兴奋,他决定利用自己的特长来帮助赫顿。普莱费尔十分擅长对科学知识进行视觉化的描述和呈现(他们家族似乎有这方面的天赋，比如他弟弟威廉·普莱费尔就发明了条形图、折线图和饼图等沿用至今的数据可视化方法），他发挥了自己的这个特长帮助赫顿重新编排这本书。他有信心让这本滞销书彻底改头换面，变成一本畅销书！

普莱费尔果然不是吹牛，他精简了赫顿的文字内容，把那些冗长且难读的语句全都剔除，取而代之的是详细且生动的图解。1802年，经过普莱费尔重新修订的《地球的理论》再度出版发行，这一次，赫顿的书果然引起了整个学术界的轰动。火成论的拥趸们更是喜出望外，把这本书视为火成论的标志性著作。可惜的是，此时赫

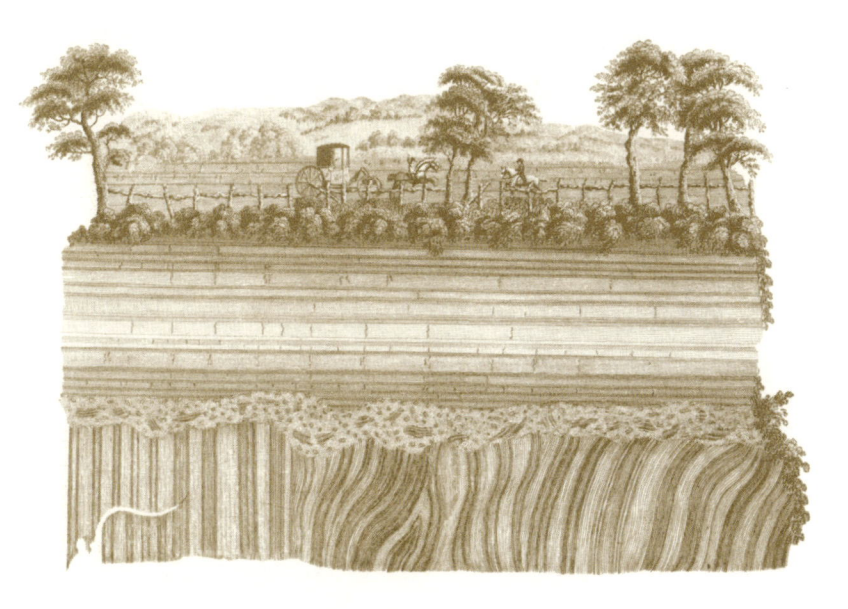

• 《赫顿理论的解说》中的插图

顿已经去世，没能看到这本书"咸鱼翻身"的时刻。从此以后，赫顿的名字成为火成论的旗帜，这也奠定了他在地质学早期发展史中难以撼动的地位。

随着时间流转，赫顿提出的系列理论逐渐得到同行和后辈们的认可——尤其是切割律，后被莱伊尔在《地质学原理》中重新阐述，并成为地质学的基本定律之一，赫顿也因此荣登现代地质学奠基人之列。

火成论与水成论的争议持续了大半个世纪，直到英国地质学家亨利·索比将显微镜引入了地质学的研究，地质学家可以在微观层面上研究岩石，并证明了诸如玄武岩、花岗岩等火成岩的确来自岩浆的冷却这一事实，才让这个争论尘埃落定。

如今，虽然水成论学派早已销声匿迹，但我们并没有全盘否定它，一些水成论学派提出的早期概念，经过发展和修订后，如今仍然存在于沉积学、水文学、地貌学和海洋地质学中；而当年不受待见的火成论学派提出的一些理论，则在我们理解火山活动和板块运动等知识时，起到了举足轻重的作用。

赫顿的书和学说终于全部反败为胜，然而他却没能亲眼见证。赫顿在膀胱结石引起的疼痛中熬过了最后几年，最后于1797年去世。赫顿是地质学发展史上伟大的"滞销书"作家。

13. 地质学家的朋友圈

穿礼服，去爬山！

倘若你在 19 世纪初的某个时刻踏足英国的深山之中，你或许会目睹一幕颇为奇特的景象。在那荒芜的野地间，一群身着晨礼服或燕尾服的男士们在泥泞的山路上行走，穿越在齐腰深的野草丛生之地。他们手持铁锤，食指挂着一枚小号的放大镜，时而敲击山坡上的石头，时而坐在路边，在笔记本上描绘、记录着什么。

如果你以为这是某个贵族俱乐部进行野外团建活动，那就大错特错了。眼前这群人实际上都是地质学家，他们正在进行专业而认真的野外考察工作，探索地球历史的秘密。

进行野外考察时，不穿宽松舒适的服装，也不选择保暖棉衣，却像参加慈善晚宴般盛装出席？没错，如今若有哪支地质勘探队伍如此打扮，可能早已被网友们当成奇闻逸事来围观了。然而，在当时的英国，这却是一股时尚风潮。

引领这股风潮的人是威廉·巴克兰。巴克兰的本职工作是牧师，但与其他对科学充满敌意的神职人员不同，巴克兰对科学抱有极高的敬意，并且其自身也是一个热衷于岩石和化石的科学发烧友。

● 威廉·巴克兰

据说，在那个年代，曾经有人目睹巴克兰身着晚礼服、头戴高筒帽，在陡峭的山坡上跳跃穿行，并能做到衣冠不乱、风度依旧。这种奇特景象迅速传遍了整个地学界，许多人纷纷效仿，也盛装出行，将自己打扮得如贵族般前往野外考察。事实上这并非难以理解，在那个时代，酷爱地质学、生物学等自然科学相关学科的人，大多数都来自家境优渥的家庭，甚至有些本就出身贵族。

1784年，巴克兰出生于英国德文郡，他的父亲是当地两个教堂的牧师。巴克兰幼年时，家乡道路改造施工。作为颇具影响力的牧师，他的父亲常常随着村长走访各个工地慰问劳动者们，而幼小的巴克兰往往紧跟其后。修建道路需要挖掘山坡以构筑路基，这使得平常隐没在地下的岩层及其内部包含的化石都暴露了出来，它们深深地吸引了巴克兰，并从此点燃了他对地球历史的好奇心。

巴克兰长大后进入牛津大学念书，主修古典文学和神学，为的是毕业后接过父亲的衣钵。然而在此期间，他遇到了牛津大学的矿物学教授约翰·基德，这位教授给了巴克兰很大的启发。他意识到，地质学蕴含着地球史前时代的秘密，而那些远在人类文明萌芽之前发生的事情，比人类的历史更精彩。从此，巴克兰在基德的指导下，走上了研究地质学的道路，在学习神学之余，他满怀激情地探索了英国各地的地质地貌，并从中挖掘化石和矿物，记录下每一个细节。

神学院的教授们得知后，并没有阻拦巴克兰。他们也有自己的小算盘：宗教界也需要培养既懂神学又懂地质学的新型人才。在那个年代，正在茁壮成长的地质学理论已经严重冲击到《圣经》中的记载，尤其是《圣经》中的六天创世故事，与欧洲各地发现的地质现象之间已经产生了不可调和的冲突，这让神学院的教授们焦头烂额。他们觉得，如果巴克兰能精通神学和地质学这两门学科，说不定他能有机会解决这些冲突，把地质学的知识也融入神学的体系里。

在各方面的支持和鼓励下，年轻的巴克兰成为当时罕见的能够以科学视角解读宗教经文的跨界学者，这也为他日后在学术圈及宗教界都取得显著成就奠定了坚实的基础。

《圣经》没错，科学也没错

1808年，巴克兰成了一名神父，继承了父亲的事业，步入神职人员的行列。1813年，在基德的推荐下，他被任命为牛津大学矿物学的助理教授，随后于 1818 年被任命为地质学讲师，并成为英国皇家学会的会士。这是宗教界和地学界对巴克兰的双重认可。在此期间，他发表了一本名为《地质学与宗教的关联》的专著，主要概述了宗教经典与地质学的联系，用自己的学识来调和地质学和宗教界之间的矛盾。

巴克兰和当时其他"圣经科学家"不同，他并不会预设一个倾向于神学的立场，然后去自然界的线索里断章取义地强行找证据，证明自然里的一切都是神的安排。相反，他始终站在一个比较中立的立场上，在尊重自然科学的前提下，对《圣经》等宗教经典进行重新解读。他的目的并不是要证明《圣经》是对的、科学是错的，抑或相反，而是试图说服宗教界人士：《圣经》固然没错，但他们对《圣经》的解读不够全面，因此才接纳不了科学。

在《地质学与宗教的关联》中，巴克兰主要阐述了《圣经》第一章《创世记》的相关内容和地质新发现之间的关系。他提出了一个全新的假设，即"起初，神创造天地"中的"起初"一词，指的并不是一个瞬间，而是指从地球的起源到人类被创造出来之间的一段尚未被定义过的时期。在此期间，地球上发生了一系列漫长而丰富的事情。之前的神父们把"起初"当作一个时间点，而非一个漫长的时间段，因此他们无法推算出地球历史真正的开始时间。神父们的这种错误理解导致了《圣经》和地质现象的不兼容。

另一个在《创世记》中无法避开的故事是诺亚方舟时的大洪水。在那以前，一些"圣经科学家"在欧洲各地寻找所谓的"大洪水遗迹"，并且从各种牵强的蛛丝马迹中定义诺亚大洪水在地层中留下的痕迹，以证明《圣经》的可靠性。然而在《地质学与宗教的关联》中，巴克兰对他们说，你们别再瞎折腾了，因为诺亚大洪水的痕迹是找不到的。

这并不代表巴克兰否认了大洪水事件本身。相反，他相信诺亚方舟时代的确发生了全球性的大洪水，但根据《创世记》的记载，这场洪水只持续了一年的时间。巴克兰常年在野外考察，见惯了几百万年乃至上千万年尺度的地层，他深知，只持续了一年的洪水是很难在地层中留下全球性痕迹的。

吃掉法国国王的心脏？

在英国约克郡的柯克代尔洞穴，"圣经科学家"们宣称发现了大量堆叠的动物化石，并断言这些化石是诺亚大洪水时期被淹死在山洞中的动物遗骸。然而，巴克兰通过实地考察提出了不同的观点。他认为，该洞穴在远古时代是鬣狗的栖息地，洞中的化石其实是鬣狗及被其捕食的动物之遗骸。这些化石是在漫长岁月的演变中形成的，与诺亚大洪水并无关联。

巴克兰对柯克代尔洞穴的独到分析赢得了广泛赞誉，被当时的学界奉为重建地球历史的研究典范。1822 年，英国皇家学会因此授予巴克兰科普利奖章——这是世界上最古老的科学奖章之一，也是英国皇家学会的最高荣誉之一。

巴克兰是一位富有幽默感的人，他擅长以寓教于乐的方式传授知识、分享观点，而非枯燥地说教。在牛津大学讲课时，他总是能让课堂充满欢笑，绘声绘色地给学生们讲解地质学知识。因此，当他去推广自己的科学主张时，别人往往能更容易地理解和接受。久而久之，他成了横跨宗教界和科学界的"两栖"大佬。然而，虽然拥有风趣幽默的性格，巴克兰却也有些特立独行，在那个年代留下了许多令人啼笑皆非的传说。

例如，巴克兰有一个奇特的爱好——喜欢吃老鼠肉，甚至要用这种"美味"来款待客人，让人避之不及。此外，关于他还有一个更加惊人的传说。法国大革命的时候，长眠已久的法国国王路易十四被人从坟墓里刨了出来，激进的法国革命家们把他剖腹挖心、大卸八块，其心脏经过几番转手，最终来到了巴克兰的面前。巴克兰居然在众目睽睽之下，把路易十四那腐坏的心脏吞了下去。那时的英法两国在各个领域都是竞争对手，历史上更是势不两立，巴克兰的这一行为使他在英国爱国民众中赢得了极高的声誉，这个故事也成为流传了两百多年的奇闻。

客观地说，这个故事多半是假的。且不说腐坏的心脏能不能吃，就拿这个故事本身来讲，它版本众多，明显经过了多次口耳相传和艺术加工，事情的经过早已被改得面目全非（例如，在另一个版本中，路易十四的心脏最终被一个画家碾碎，做成了颜料）。而且根据翔实可查的历史档案记录，巴克兰与当时法国的国宝级学者乔治·居维叶有着深厚的友谊，这很难让人相信他会做出如此激进的民族主义行为。但这个传闻的广泛流传也足以说明，巴克兰古怪的性格在那时是深入人心的。

除去某些特殊性格外，巴克兰无疑是一位令人尊敬和喜爱之人，尤其是对于当时年轻一代地质学家来说，他就像及时雨般存在。只要你认真从事地质学研究，遇到困难时，他便会毫不犹豫地伸出援手。他一生中帮助过许多地质学家，大都是在关键时刻挺身而出，如雪中送炭般无私援助，为早期地质学的发展做出了巨大贡献。

我们回顾地质学的发展历程时会发现，在地质学发展的早期，最具影响力的那些欧洲地质学家实际上都属于同一个"朋友圈"，而聚起这个圈子的核心人物正是巴克兰。

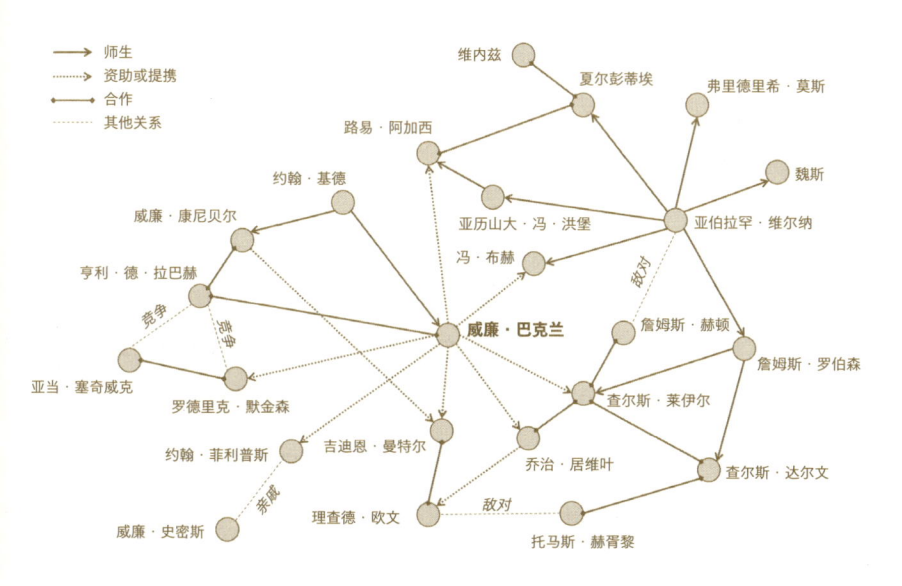

- 18世纪末到19世纪初，欧洲早期的重要地质学家以巴克兰为核心组成的"朋友圈"

现代地质学之父

● 查尔斯·莱伊尔

巴克兰帮助过的众多地质学家中，最有名的要数查尔斯·莱伊尔了。莱伊尔是苏格兰人，他爷爷曾经是英国皇家海军的后勤供应商，那可是个"肥缺"，油水很多，他爷爷赚得盆满钵溢，在苏格兰的安格斯置下了一座古堡式大庄园，名为金诺迪别墅，也就是莱伊尔的出生地。莱伊尔的父亲则是一位专注于但丁著作的翻译家，虽然名气不大，却是个不折不扣的文化人，非常注重子女的教育培养。

莱伊尔在牛津大学就读期间，原本的专业是法律，然而，他在一次阿尔卑斯山的度假之旅中被大自然的壮丽景色所吸引，从此对地质学产生了浓厚的兴趣。于是在1821年，他决定重新回到学校，系统地学习地质学。

其实，莱伊尔在牛津大学上学期间，就上过巴克兰主讲的地质学基础课。巴克兰曾在课堂上介绍了苏格兰的斯塔法岛，那里有很多独特的地质景观，包括其西南部的巨石柱以及芬格尔洞。巨石柱由成千上万个六边形底面的石柱组成，第一眼望去，很难相信这些整齐排列的巨石柱是天然形成的，仿佛出自鬼斧神工之手，神奇而又壮观。这些巨石柱还围出了一个洞穴——芬格尔洞，这个洞穴被巨大的石柱群包围，就像一座宏伟的大殿。

德国地质学家冯·布赫曾考察过芬格尔洞，他是水成论提出者维尔纳的学生。然而冯·布赫与他的老师有着不同的观念，虽然早期他也支持水成论，但在考察了意大利、法国、瑞士的诸多地貌之后，他实事求是地改变了立场，加入了火成论学派。在考察英国的时候，冯·布赫也曾得到巴克兰的帮助，深入包括芬格尔洞在内的偏远之地进行考察。

这次考察结束后，冯·布赫与巴克兰之间产生了一点学术上的小分歧。巴克兰认为，芬格尔洞的顶部是破碎的，或呈锯齿状，他推断这些石柱是由下方的岩浆迅速冲入海水后冷却形成的。因为角度问题，它们正好围成了一个洞穴。按照这种说法，石柱的底部是什么样的，顶部就应该是相对应的形态，所以洞穴的顶部应该是六边形锯齿状的。

然而，冯·布赫的看法有所不同。他认为洞穴周围的这些石柱是沿着一个较软的火山熔岩体的外围形成的，随后熔岩体被侵蚀掉，只留下石柱和一个洞。如果是这种情况，那么洞穴的顶部应该保持了熔岩体的外形，很可能是光滑的。由于当时考察条件的限制，他们无法看清洞穴顶部的具体形态，因此谁也无法说服对方接受自己的观点。

莱伊尔是苏格兰人，对巴克兰讲授的内容深感震撼。他决定在暑假回家时，顺便去斯塔法岛上考察一番，并试图爬到洞穴顶部看看。果然,在暑假期间,莱伊尔来到了斯塔法岛,他带着足够的攀登装备,进行了详尽的考察,证实了芬格尔洞穴的顶部是锯齿状的而不是光滑的,从而否定了冯·布赫的理论。

因为这件事情,巴克兰对莱伊尔印象深刻,他的执行力和科学精神不多见,真是孺子可教也。所以,当几年后莱伊尔再度前来求学时,巴克兰觉得自己的知识和能力都不足以教好这个优秀的学生。于是,他推荐莱伊尔前往爱丁堡大学,跟随研究矿产资源的资深教授詹姆斯·罗伯森重新系统地学习地质学。这位罗伯森教授也是维尔纳的学生,是水成论的忠实支持者,但巴克兰根本不在乎这些,他相信罗伯特的水平一定能把莱伊尔教好。有趣的是,罗伯森也是"进化论之父"达尔文的老师,所以莱伊尔和达尔文其实是同门师兄弟。

完成学业后,莱伊尔开始独立研究地球的历史。1830年至1833年,莱伊尔分三卷出版了《地质学原理》。这部在19世纪的地质学领域具有深远影响的著作,是莱伊尔对截至当时的地质知识的精彩总结。该著作最突出的贡献是它正式凝练了均变论的思想。

在那个时代,包括巴克兰和居维叶在内的学者都秉持灾变论观点,即地球的历史发展是由一系列灾难性事件推动的,这些事件会改变地球历史的进程。换句话说,灾变论认为自然的进程发生是突变的,过去的地质作用与如今存在明显差异。

然而,莱伊尔却坚信,在整个地球的历史上,基本的自然法则是始终如一的。他在书中指出,"现在是通往过去的钥匙",即过去发生的一切地质作用，都与现在正在进行的地质活动非常相似。因此，研究当前正在进行的地质作用，就能揭示过去发生的地质事件。《地质学原理》的出版标志着地质学正式成为一门现代化学科，莱伊尔也因此被誉为"现代地质学之父"。

恐龙的发现者

除了对莱伊尔的帮助，巴克兰在恐龙的发现过程中也起到了关键的推动作用。根据广为接受的说法，最早被人类发现的恐龙是禽龙，由吉迪恩·曼特尔于1822年首次发现；而最早被命名的恐龙则是斑龙，由巴克兰本人于1824年发现。实际上，曼特尔能够发现禽龙，在很大程度上也要归功于巴克兰早年的大力支持。

曼特尔原本是一位外科医生，但他对地质学和化石的热爱从小就扎根在他的心头。为了生计，他选择从医，但从未停止对地质学和古生物学的热爱。业余时间，曼特尔经常去附近的山区挖掘化石，并积极寻求与真正的古生物学家的合作，以期发表自己的新发现。巴克兰在曼特尔的学术生涯中扮演了重要的角色。他注意到了曼特尔，觉得这个跨界而来的"业余选手"很有意思，于是决定给予曼特尔一些帮助。

对于像曼特尔这样的业余化石爱好者来说，最大的困难就是找到稳定的化石来源。对巴克兰来说，解决这个问题并不困难，他带领曼特尔前往牛津郡的一处采石场。1815年，那座采石场出土了

一些巨大的化石，惊动了牛津大学的基德。基德随后带领巴克兰等人赶赴现场参观，巴克兰立即意识到，那座采石场可能蕴藏着许多前所未有的古生物化石。

有了这个丰富的化石资源库，曼特尔逐渐在古生物界崭露头角。一日，曼特尔的妻子在路边的地层中发现了一枚牙齿化石，将其带回家交给曼特尔。曼特尔一眼就看出这枚化石的与众不同，它并不属于已知的任何物种。为了解开心中的疑惑，曼特尔邀请莱伊尔前来协助。然而，见多识广的莱伊尔眉头紧锁，他也无法辨识这枚化石的归属。

于是，莱伊尔带着化石前往法国，寻求居维叶的帮助。然而，当莱伊尔抵达巴黎时，居维叶正好喝了酒，有些神志不清，草率地说这不过是犀牛的牙齿，无须大惊小怪。但莱伊尔并未轻信这个结论，他认为如果这真是犀牛的牙齿自己早就看出来了，根本不需要远赴法国寻求答案。于是，等第二天居维叶酒醒之后，莱伊尔再次上门拜访。然而让他惊讶的是，清醒状态下的居维叶也无法辨识出这是哪种动物的化石。

连欧洲伟大的博物学大师都感到困惑，这枚化石的研究陷入僵局。莱伊尔带着失望回到了英国，曼特尔则将这枚化石暂时保存起来，以待日后再行研究。然而，曼特尔并未因此气馁，他反而继续积极搜集化石，而且将牛津郡的那座采石场中发现的爬行动物化石进行了详细的汇总分类。他编写的《南方的化石》一书引起了轰动，连英国国王乔治四世都对其赞不绝口，甚至迫不及待地想要预订曼特尔的新书。

在曼特尔潜心著书之际，巴克兰的人生迎来了高光时刻。1824年，巴克兰荣任伦敦地质协会主席，而他的野外考察成果也如雨后春笋般不断涌现。同年，在牛津郡的那座熟悉的采石场，他又发现了一种中生代大型肉食性爬行动物的化石。那些硕大的牙齿和脊椎骨的发现，使巴克兰深信自己又发现了新物种，于是为其赋予了独特的名字——斑龙。

巴克兰的研究报告发表后，曼特尔如梦初醒。他妻子发现的牙齿化石，可能也属于某种中生代大型食草动物，这个新物种以前从未被人发现过，难怪莱伊尔和居维叶都无法辨认。1825年，曼特尔将牙齿化石的主人命名为禽龙，意指"鬣蜥的牙齿"。1833年，曼特尔又有了突破性的发现，他挖掘出了一种长着盔甲状骨骼的中生代爬行动物化石，后来被命名为林龙。当时在英国最负盛名的博物学家理查德·欧文深入研究了这三种古生物化石的相似之处，认为它们可以被归纳为同一个大类，并为它们起了一个震撼的名字——恐龙，意为"恐怖的蜥蜴"。

地质年代表的构建者

这时的巴克兰早已功成名就，不仅在宗教界和科学界都享有盛誉，还积极援助了众多化石研究者和野外考察者，为他们提供经费和资源上的有力支持。其中，罗德里克·默金森就深受巴克兰的鼓

舞与帮助。

默金森出生于苏格兰的一个低级贵族家庭，16岁的时候参加了英军，并且随军远征拉科鲁尼亚，和法军交战。不过那一战英军大败，损失惨重，而默金森幸运地捡回了一条命，突出重围，返回了英国，随后从军队退役，在英国北部以打猎为生。正是在这段岁月中，他结识了巴克兰。巴克兰十分欣赏默金森，引导并鼓励他学习地质学，还推荐他加入了伦敦地质协会。

默金森确实展现出了惊人的地质学天赋，他进步迅速，并与剑桥大学的亚当·塞奇威克组成了黄金搭档，在英国境内进行了广泛的地质调查。1831年，巴克兰告知默金森，威尔士南部存在一处独特的地层，其中的化石与别处大相径庭。得到这一信息后，默金森与塞奇威克立刻动身前往南威尔士，果真找到了那些与众不同的地层，并据此定义了地质年代表中的寒武纪和志留纪。不过，他们二人对这两个地质年代之间的界限有不同的看法，且各有各的道理。这个遗留问题在几十年后才得以解决，地质学家拉普沃斯将这两个地质年代之间的过渡期定义为奥陶纪。

除寒武纪和志留纪之外，默金森还定义了泥盆纪。后来，他受沙皇尼古拉一世之邀，前往俄罗斯带领野外考察队伍，并依据佩尔姆地区的地层定义了二叠纪。地质年代表中古生代的六个纪，有四个是由默金森参与定义的，这一成就堪称空前绝后。若非巴克兰独具慧眼、知人善任，这位天才地质学家可能会当一辈子猎人，埋没掉自己的天赋。

尽管默金森的伙伴塞奇威克并未直接受益于巴克兰的指导或资助，但在学术理念上，他深深地受到了巴克兰的影响，成为灾变论发起人居维叶的坚定支持者。1835年左右，他与巴克兰以及莱伊尔一同劝说英国托利党的领导者罗伯特·皮尔为地质学家发声，为地质学投入更多的经费。皮尔是巴克兰的好友，所以这次游说取得了显著的成功，并由此推动了英国地质调查局的诞生。这是世界上第一个国家层面的地质调查局，而首位局长亨利·德·拉巴赫早年也曾受到过巴克兰的启发，是巴克兰的"铁杆粉丝"。

塞奇威克以富有浪漫主义情怀而在历史上留下了深刻的印记，毕竟他与英国浪漫主义诗人华兹华斯是好友。他认为，科学虽然重视逻辑推理，但也应尽量富有人文情怀。正因如此，他对巴克兰在科学和宗教之间充当"裁判"和"和事佬"的角色表示高度认同，认为有这样的人存在，对于科学和宗教都具有积极意义。

作为一名富有人文关怀的学者，塞奇威克在晚年积极参与英国辉格党的政治活动，尤其在推动英国废除奴隶制的过程中做出了贡献。他去世后，剑桥大学地质系的学生们成立了塞奇威克俱乐部以示纪念。这个塞奇威克俱乐部是世界上最古老的地质学领域学生团体，孕育出众多名人，包括火成岩领域的顶尖专家艾尔弗雷德·哈克、伦敦地质协会的主席威廉·瓦茨、澳大利亚的古生物学家（也是大洋洲第一位女性大学教授）多萝西·希尔，以及被公认为"世界自然纪录片之父"的英国博物学家大卫·爱登堡等。

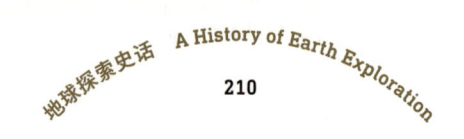

重要地质年代的提出者及提出年份

提出年份	地质年代	提出者
1799	侏罗纪	亚历山大·冯·洪堡
1822	石炭纪	威廉·康尼贝尔、威廉·菲利普斯
1822	白垩纪	让·德奥马利乌斯·第哈罗伊
1833	第三纪（后分为古近纪、新近纪）	查尔斯·莱伊尔
1834	三叠纪	弗里德里希·冯·阿尔伯蒂
1835	志留纪、寒武纪	罗德里克·默金森、亚当·塞奇威克
1839	泥盆纪	罗德里克·默金森、亚当·塞奇威克
1839	更新世（后追加第四纪的定义）	查尔斯·莱伊尔
1841	二叠纪	罗德里克·默金森
1879	奥陶纪	查尔斯·拉普沃斯

谁提出了"冰河时代"？

1837年，巴克兰被一则来自欧洲大陆的新闻惊动了，这则新闻的主角是他的一个老熟人——在瑞士纳沙泰尔大学任教的路易·阿加西。早先阿加西客居英国时，有位探险家从巴西带回一批鱼类标本，在去世前将这些珍贵的标本交给了阿加西。阿加西想研究这些鱼类，然而他当时正面临经费困境。那时的阿加西是个默默无闻的外国年轻人，研究的标本又来自遥远的巴西，因此英国的大学并不愿意资助他。

巴克兰认为阿加西的鱼类研究具有重要意义，可促进古生物学和进化论的发展，并能对地质学产生间接帮助。因此，他利用自己在伦敦地质协会的影响力，为阿加西争取到了一笔研究经费。阿加西没有辜负巴克兰的信任，他研究成果丰硕，不仅成功出版了首部巴西鱼类分类全书，还顺便研究了欧洲淡水鱼化石的分布，受到学术界的广泛好评。巴克兰作为联系人也在伦敦地质协会扬眉吐气了一番。

阿加西与巴克兰因此事成为亲密的朋友，阿加西离开英国后仍然与巴克兰保持书信交流。那么，究竟是什么事情让这位老朋友如此震惊呢？这得从1836年夏天说起。

1836年暑期，阿加西在阿尔卑斯山深处的一个偏僻小村庄度假时，偶遇了两位同行，他们是研究冰川的先驱——维内兹和夏尔彭蒂埃。维内兹原本是一名工程师，但在一次疏通冰川堰塞湖的工程中，由于对冰体的物理性质了解不足，导致了溃坝的严重后果。因此，他决定投身于冰川研究，尽量让后人避免重蹈覆辙。夏尔彭蒂埃则是维尔纳的学生，他与维内兹是好友，利用自己的学术影响力帮助维内兹推广冰川学的新理论。

闲聊中，维内兹和夏尔彭蒂埃向阿加西透露了他们最新的考察结果。夏尔彭蒂埃提到，这个村庄附近的山谷里存在许多大得超乎想象的砾石，他推断，这些巨大的砾石必然是由规模庞大的冰川搬运而来。在好奇心的驱使下，阿加西也去参观了这些巨石，这一看不得了，简直震碎了阿加西的三观。这些砾石有好几层楼那么高！这么大的砾石，那得多大的冰川才搬得动啊！

于是，阿加西也加入了研究冰川的行列。为了潜心研究冰川，阿加西甚至在阿尔卑斯山的一条冰川旁边建了一座石头小屋，在那里居住了一年之久。

在经过一年的研究后，阿加西于 1837 年发表了论文，提出地球曾被冰川覆盖的论点。他指出，很久以前，大规模的冰川从阿尔

• 阿加西等三人和巨石，由夏尔彭蒂埃绘制

卑斯山扩散至欧洲、亚洲和北美洲的平原和山脉等北半球广阔区域。阿加西在论文中详细描述了欧洲古老地层中的突兀石块，这些石块与地层的其他部分存在明显差异。过去，这些石块被认为是由流水冲积平原留下的沉积物，也被宗教界人士视为对《圣经》中诺亚方舟大洪水的印证。然而，阿加西提出，这些地层其实是远古冰川的遗迹。

这个新的观点在科学界和宗教界引起了广泛讨论。虽然阿加西的想法在某些地方具有说服力，但并不是所有人都能接受他的全部观点。比如，莱伊尔在阅读阿加西的论文后表示，他同意石块的确与冰川有关，但它们的来源应该是漂流的冰山。冰山在海面上漂浮，可能携带了一些类似的石块。当冰川融化时，这些被冰山携带的石块就会沉到海底，在海洋沉积地层中显得很突兀，这种现象被称为"冰筏漂砾"。总而言之，莱伊尔认为这些石块是被冰山带到远处，而不是冰川本身扩散了这么远的距离。

遭到了科学界同行的质疑，又同时被宗教界批评，阿加西陷入了"腹背受敌"的境地。关键时刻，巴克兰决定亲自出马，去老友那里一探究竟。1838年10月，巴克兰经过长途跋涉抵达了瑞士，然后与阿加西一同前往阿尔卑斯山深处进行实地考察。

阿加西向巴克兰展示了他所发现的巨大砾石，以及与冰川特征相关的其他痕迹，包括基岩上的擦痕和冰碛石等典型的冰川地貌。经过详细的观察与了解，巴克兰被阿加西的观点所说服，他确信在遥远的过去，冰川曾覆盖了欧洲大陆和苏格兰的大部分地区。

● 路易·阿加西

巴克兰邀请阿加西一同回到英国，旋即在英国也展开了冰川地貌的野外考察。他们在苏格兰、英格兰以及爱尔兰都取得了有关冰川遗迹的重大发现。阿加西将这些证据整理成书，以《冰川研究》为书名出版。在1841年伦敦地质协会的年度学术交流会上，阿加西介绍了这本书的主要内容，而巴克兰也在一旁积极推荐，仿佛这是他自己的研究成果一般。

在巴克兰的协助下，阿加西成功说服了一些有影响力的科学家，让他们接受了这个令人震惊的新观点：北纬35°以北的整个欧洲北部，都曾被厚厚的冰层覆盖。《冰川研究》这本书奠定了冰川学的基础，也使"过去的冰川时代"这一概念在公众间得到了认识和传播。

这里还有一个有趣的插曲：《冰川研究》在欧洲大受欢迎，让英国图书编辑查尔斯·麦克劳伦看到了商机，他想在美国发行这本书并大赚一笔。然而，他对美国人持有很深的刻板印象，担心缺乏科学素养的美国暴发户和牛仔们看不懂这本书。为了保证销量，他亲自为这本书写了一段简单易懂而且很吸引人的书评。

书评中有一段是这么写的：如果阿加西对冰川规模的估计是对的，那么在北半球被冰川覆盖的时候，海平面比现在要低100—120米。可能连麦克劳伦自己也没料到，他这无心的一笔，成了史上第一条把冰川生长与海平面变化直接关联起来的言论——这么经典的推论，最初的出处居然是一位卖书的编辑为了提高销量而写下的通俗书评！

麦克劳伦这无心的一笔在现在看来依旧是相当准确的，我们现代利用新的科学手段（比如珊瑚礁的年代分布和同位素地层学）估计，大约在2万年前，也就是最后一次冰期结束的时候，海平面高度比目前低了120米左右。

这本书让阿加西名扬美国，包括作家爱默生以及精英团体"波士顿婆罗门"在内的社会名流纷纷与之结交。不久后，他被哈佛大学聘为教授，成为冰川学界泰山北斗般的权威人物。而在英国，他的老朋友巴克兰则步入了职业生涯的尾声。1845年，巴克兰被任命为牛津地区的高级神职人员，此后，因为健康状况的逐渐恶化，他无法再去野外科考，把工作重点放在了教会事务上。

巴克兰帮助过的最后一位著名地质学家或许是约翰·菲利普斯。菲利普斯是"英格兰地质学奠基人"威廉·史密斯（独自绘制了英格兰和威尔士的详细地质图，提出了化石层序律）的侄子。1853年，菲利普斯曾到牛津当过巴克兰的助手。巴克兰去世前，向大学推荐了菲利普斯来接替自己的职位。几年后，菲利普斯当上了牛津大学的地质学教授，并接管了大学的化石收藏馆。菲利普斯

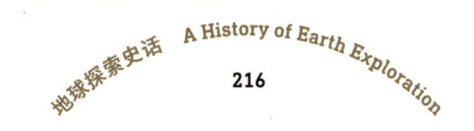

利用化石记录开创性地完成了古生物多样性的重建工作,为地质年代表增添了古生代、中生代和新生代的概念。

1856年,巴克兰在伦敦与世长辞,但他作为早期地质学家"朋友圈"中的关键人物,为地质学留下了不可磨灭的遗产。

14. 无畏的女性

· 玛丽·撒普 ·

站在岸上探索海底

玛丽·撒普，我们在前文已经提到过这个名字，她是海底扩张论提出过程中的关键人物，她的重要贡献是发现了大洋中脊，这是推动构造大革命的重要一环。但鲜有人知的是，这项关于大海的无可替代的发现，是她"站在岸上"完成的，而且因为种种原因，她的名字很少出现在后人的视野里。

玛丽·撒普出生于美国密歇根州，她的父亲是美国农业部的测绘专家。自幼时起，每当父亲前往野外进行测绘工作时，撒普都会陪伴左右。从小耳濡目染她在中学时代就已拥有了非常扎实的制图技能。撒普在密歇根大学完成了石油地质专业的本科课程，然后开始为俄克拉何马州的一家石油公司工作，负责绘制油田地图，同时，她还在公司所在地的塔尔萨大学拿下了硕士学位。

• 用探测仪工作的玛丽·撒普（左）和布鲁斯·希曾（右）

1948年，撒普以其出类拔萃的地图绘制技巧，被哥伦比亚大学的著名海洋地质学家毛里斯·厄文相中，聘为研究助理。传闻在面试时，厄文只是草草地看了几眼撒普绘制的地图作品，便决定留下她，而撒普甚至还没来得及告知厄文自己有地质学的学位。也正因如此，厄文并未将撒普视为地质学家，而只视她为一名普通的制图员。直到撒普突然提出辞职，厄文才意识到她的才华和价值，积极说服她重返学校，并提拔她为正式研究员。

当时，厄文的团队刚购入一艘名为"威玛"号的海洋科考船，并接到了学校的新任务——前往大西洋搜寻第二次世界大战中被击沉的军舰。于是，厄文将"威玛"号委托给撒普，让她组织人力寻找沉船，并顺带绘制海底地图。

然而，哥伦比亚大学等老牌学校在当年有个不成文的规定，女性不得参与远洋考察，经常有人重复着一句迷信的古语"女人不准上船，否则会带来厄运"。无奈，撒普只能另选他人代替她出海，而她自己则只能在岸上遥控指挥。好在撒普寻到了一位得力助手：刚从哥伦比亚大学海洋系硕士毕业的布鲁斯·希曾。希曾的工作热情很高，业务能力也出众，撒普放心地让他在"威玛"号上负责具体的海上操作。

当希曾指挥的"威玛"号在大西洋中部进行声呐扫描时，他们意外地发现了一条巨大的海底山脉。尽管有人曾经猜测大洋中部存在海底山脉的可能性，但他们始终无法提供任何证据。由于这种地貌与当时流行的槽台说相矛盾，这个想法一直受到打压。然而，此次的发现提供了确凿的证据，证明了这条海底山脉真实存在。

1957年，撒普和希曾发表了一份关于海底山脉的专题报告，引起了广泛的关注。厄文也非常重视这一重大发现，并与撒普合作撰写了一部关于海底地貌的专著。在书中，他们将这条山脉命名为大洋中脊。直到此时，撒普都从未亲自参加过远洋科考，因此她被称为"站在岸上"发现了大洋中脊的人。

"我画我的图，让别人吵去吧"

看起来，撒普在哥伦比亚大学的学术前途一片光明。然而，事

情的发展并未按照预期那样顺利。在海底扩张论倡导者赫斯的影响下，撒普将大洋中脊与海底扩张论联系起来。然而，厄文是槽台论的支持者，他对新生的海底扩张论深恶痛绝，于是开始对撒普进行打压。

撒普顶住了压力，并说服了希曾，将"威玛"号的作业海域范围扩大。在采集了更多的数据之后，撒普和希曾以海底山脉及其周围的断层为背景，连续发表论文，阐述大洋中脊与海底扩张之间的关系，旗帜鲜明地成了海底扩张论的支持者。

厄文被撒普和希曾的这一举动激怒了，他将海底扩张论视为伪科学，所以这一次他既羞又怒。他无法理解自己的科研团队里怎么会出现支持"异端邪说"的人。厄文决定立刻开除撒普和希曾。但因为同事们的再三求情，被学校视为希望之星的希曾最终没有被开除，但被勒令不得继续参与跟海底地形相关的课题。

和希曾不同，作为女性的撒普在氛围保守的哥伦比亚大学本就不受待见，这一次更是没有人为她求情，她最终被扫地出门，带着多年积累的海底地形数据离开了学校，搬到了纽约郊外的一座小镇上。然而，撒普并没有放弃，她决定单打独斗，整理完剩下的数据，并继续发表新的科研成果。

这是撒普人生中最艰难的时刻，她失去了学术职位，只能孤军奋战，又因此无暇顾及家庭，她的丈夫也离她而去。幸运的是，过了一段时间，有情有义的希曾偷偷伸出援手，利用自己的人脉关系为撒普申请到了杜克大学的一艘考察船上的工作。杜克大学虽地处保守的美国南方，其治学理念却开放包容，允许女性参与所有的海上科考活动。这一次，撒普终于有机会亲自带队进行远洋考察。

1972年，厄文跳槽到得克萨斯大学。实际上在那之前，随着威尔逊旋回的提出以及更多科学事实的发现，厄文的态度也开始软化，不再坚决反对海底扩张论。厄文离开后，哥伦比亚大学重新向撒普寄出了聘书。然而，此时的撒普已不再在乎这些。她的研究逐渐得到了美国《国家地理》协会等机构的经费支持，她的重要盟友赫斯也利用自己在军方的关系网，为她争取到了海军的援助，获取了大量的海底地形数据。

在汇总并整理了所有这些数据后，撒普发现大洋中脊不仅存在于大西洋中部，也存在于印度洋中部和太平洋东南部。她的这些发现都成为海底扩张论乃至板块构造论的重要组成部分，在风起云涌的构造大革命中起到了不容小觑的推动效果。可以说，她的成果几乎让大地构造学重新洗牌，可谓一名优秀的科学革命家。

然而，1977年，她的挚友兼助手希曾在远洋考察时突发心脏病，因救治不及时而离世。这让撒普悲痛不已。为了纪念这位曾经的助手和朋友，撒普邀请了奥地利画家海因里希·贝兰，把他们采集的海底数据全部整理到一起，设计成了一幅既美观又具有科学价值的全球海底地图。这幅海底地图后来被谷歌采纳为谷歌地球的默认图层之一，并多次被《国家地理》杂志用于地图绘制。

由于撒普当年突然被哥伦比亚大学解雇，她从参与的许多科研项目中被迫中途退出，在结项并发表论文时，她的名字未被列入作者名单，导致她的学术贡献被长期低估。直到她晚年，借助地图学领域举办的一些纪念活动，撒普在地质学上的贡献才逐渐被人们所忆起。1998年，在美国国会图书馆地理及地图部成立100周年的纪念会上，撒普因其致力于通过地图融合科学和美学的贡献，被授予地图学杰出人物的荣誉。

到了2001年，哥伦比亚大学才后知后觉地拨乱反正，授予撒普荣誉和奖项，并在两年后以她的名义创立了资助女性科研工作者的玛丽·撒普访学奖金。在后来的一次采访中，撒普表示，自己被迫离开哥伦比亚大学实际上是一种幸运，因为这样她才能全身心地投入海底地图的绘制工作中。她说："我画我的图，让别人吵去吧。"

女性科研的"漏管效应"

在浩瀚的科学史上，众多先驱因对知识和理解的渴求，雕塑出了我们如今的科学世界。他们开拓了人类视野的疆界，重新塑造了我们对自然和宇宙的认知。然而，遗憾的是，在科学史的大部分时期，女性对科学的贡献常被忽视或低估。

受复杂的社会和历史因素影响，女性很难在科研领域中获得机会，根深蒂固的性别偏见曾阻碍了女性探索世界的脚步。在并不遥远的几十年前的西方国家，那个连大学橄榄球比赛的观众席都不允许女性踏足的时代，以男性为主的高等教育体系根本无法为年轻女性提供参与研究的平等机会。

即使偶尔有女性学者的身影出现，她们仍然需要面对众多阻碍职业生涯发展的重大挑战。在西方社会，这一现象被形象地称为"漏管效应"：如果将学术圈的整个职业生涯比作一条长长的管道，而学者是管中的流水，那么对于女性学者来说，她们那条管道的每一个关键节点都有破洞，以至于只有极少数女性学者能够在学术生涯中走到最后。

"漏管效应"带来的挑战涉及许多层面：从招聘和晋升流程中无意识的偏见，到资源获取的不公平，再到科学出版物中隐藏的性别偏见……更有甚者，诸如性骚扰等恶劣的工作环境也会对她们的职业生涯造成极大的影响。

相较于其他科学领域，地质学对女性学者的友好度更低。地质学需要经常进行野外实地考察，而历史观点认为，这对女性而言并不合适甚至不安全，这种观念进一步加剧了女性学者在地质学领域的边缘化。但即便如此，仍然有优秀的女性学者冲破重重阻碍，为地质学研究做出了伟大的贡献。玛丽·撒普便是地质学界女性科学家的杰出代表，但她并不是唯一一位攀登地质学这座高峰的女性，我再简单地举几个例子。

1811 年，年仅 11 岁的英国女孩玛丽·安宁挖出了一具完整的鱼龙化石，并掀起了化石热潮，她推动了古生物学的发展，被誉为"化石女侠"。1896 年，美国地质调查局签约了第一位女性雇员弗洛伦斯·巴斯科姆,她在岩石学和地貌学领域做出了重要的贡献,并在女校布林茅尔学院创建了地质系。1928年,毕业于布林茅尔学院地质系的凯瑟琳·福勒比林斯在美国西部开启了野外调查,她的地图为后人还原落基山脉的隆起过程奠定了基础。1936年,丹麦大地测量研究所的英奇·雷曼根据地震波将地核划分为液态的外核和固态的内核,改变了人们对地球圈层结构的认识。1960年,昆士兰大学的多萝西·希尔成为澳大利亚历史上第一位女性教授,她致力于研究大堡礁以及澳洲大陆的古环境,完成了许多重要的研究工作。

因为"漏管效应"的存在,这些女性科学家通常付出了比同时期的男性同行们更多的努力,才取得了这些成绩,但她们的贡献都或多或少地遭到埋没。"漏管效应"的存在不仅对这些伟大的女性科学家不公平,更是对科学整体发展的阻碍。如何减少"漏管效应"以及科学界存在的其他类似问题,无疑值得所有学者深思。在这个科技迅速发展的时代,我们应该为这些勇敢的女性科学家们鼓掌,为她们的付出与努力致敬。同时,也期望在未来的科学之路上,能有更多人关注她们的故事,让女性科学工作者的成就闪耀在科学界的每一个角落。

15. 荒野探险家和国家公园

走向落基山脉

1867年3月1日,美国总统安德鲁·约翰逊怀着紧张的心情,稍显不情愿地签署了一项法令,接纳内布拉斯加州作为联邦的第37个州。第二天,这位总统又签署了另一项法令,宣布成立一个新的机构——美国领土地质和地理调查局。

尽管并未明确指出,但美国的议员们心知肚明,这个新调查局的成立正是为了应对刚刚诞生的内布拉斯加州。原来,内布拉斯加州的地理位置特殊,在南北战争之前就是各方势力争夺的焦点。甚至可以说,它就是南北战争的导火索之一。虽然1867年距离南北战争结束已经两年了,但社会矛盾并未完全解决。这个新机构的主要任务就是要详细调查内布拉斯加的风土人情、地理地貌以及矿产资源情况,以防局势有变。

调查局的局长名叫费迪南·海登，在南北战争期间曾经是北军的军医。在战争之前，他已是一位成熟老练的地质学家。海登来自马萨诸塞州，是俄亥俄州欧柏林学院的优秀毕业生，曾经在克利夫兰从事医学工作，而后又转战到纽约州的奥尔巴尼，成为提出槽台说的地质学家詹姆斯·霍尔的得力助手。

在霍尔的安排下，海登在纽约州境内进行多次的野外地质考察，积累了丰富的探险经验。1853年，海登曾前往遥远的西部开展科考。在那个时代，密西西比河以西这片土地仍是人迹罕至的荒野，充满了未知的危险。然而，凭借此前积累的丰富经验，海登成功地完成了这次地质探险，他甚至深入达科他地区——那是由强大的游牧民族苏族人占据的地盘。

由于苏族人与美国白人之间的矛盾根深蒂固，在那之前，几乎没有人敢于涉足那片地区进行科学考察。然而，海登却勇敢而出色地填补了这一空白，带回了大量珍贵的地质资料。随后，他的团队继续沿密苏里河南下，深入内布拉斯加地区进行探索，这也为他在后来成为负责调查内布拉斯加的最佳人选埋下了伏笔。

1867年，海登再次前往内布拉斯加开展地质调查。然而，内布拉斯加位于平原地区，其地质条件相对简单，地貌景观单调，人文风情也并不复杂，综合考察价值十分有限。于是，海登与下属主动扩大考察范围，越过了内布拉斯加最西端的边界线，进入了一个对地质学家来说更具挑战性的区域——落基山脉。

未曾想到的是，海登的余生与落基山脉结下了不解之缘。他多次穿梭于落基山脉中，踏过无数座巍峨的山峰，渡过无数条湍急的河流，绘制了一张又一张精细的地图和地质剖面图，并收集了大量珍贵的化石，其中包括北美洲出土的第一枚恐龙牙齿化石，后来这种恐龙被他的朋友约瑟夫·莱迪命名为伤齿龙。

最早的国家公园

1871年6月，海登带领一支考察队，重新踏上了探索落基山脉的征程。他们探索了沿途的矿产资源、土壤分布、植被种类以及原住民部落的生活状况，为内政部寻找新的铁道路线提供了宝贵的参考资料。正当考察活动进行得如火如荼之际，海登收到了内政部发来的信息，要求他前往一个名叫黄石高原的地方看一看。

当时，除了海登的考察队之外，还有几支规模较小的考察队也在美国西部进行考察。不久之前，其中一支考察队在怀俄明的西北部发现了一片遍布火山和丰富地热资源的土地，因为含硫的矿物在峡谷两侧的岩壁上呈现出黄色，于是他们将这片群山环抱的高原命名为黄石。

那支考察队中的一名队员将自己的所见所闻写成了一篇游记，并在游记中强烈呼吁内政部设立保护区，以保护这片美丽且独具地质特色的土地。这份呼吁引起了许多人的关注，但是由于他人微言轻，政府官员们看完游记后将信将疑，于是他们委托刚好就在那附近的海登团队前往黄石考察，去评估一下设立保护区的建议是否值

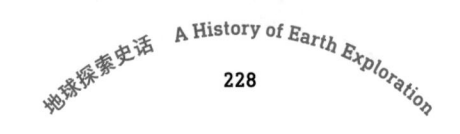

得被采纳。

海登愉快地接受了任务。其实早在 1860 年，他曾接近过尚未命名的黄石地区。可惜的是，当年他所在的那支考察队在途中因观看日全食而改变了路线，导致行程严重偏离了计划——他们被大蒂顿山脉的陡峭悬崖和厚厚的积雪所阻挡，多次尝试翻越都未能成功。不久之后，南北战争爆发，那次考察不得不草草结束，成为海登心中的一大遗憾。

1871 年 7 月底，海登等来了弥补遗憾的机会，他在内政部的委托下，亲自带队来到黄石地区，开始了详细的探索。即使见多识广的海登也被这里的景象所震撼。他发现，黄石的地质状况堪称独一无二，密集的热泉和火山地貌举世罕见，再加上湛蓝的黄石湖和奔腾的黄石瀑布，构成了无与伦比的自然美景。

海登和他的团队详细记录了各种地质特征，包括间歇泉、温泉、峡谷和其他火山现象的详细情况。他们发现了由熔岩快速冷却后形成的黑曜石悬崖，以及随处可见的蒸汽喷孔和沸腾冒泡的泥浆坑等，揭示了当地的地热活动异常集中，恐怕除了附近的原住民以外，世界上没有人见过这样的景象。

海登等人收集了大量的岩石、矿物和动植物标本，并绘制了该地区的详细地图。他们甚至还在当地遇到了地震，并对这次地震做了科学的记录。考察结束后，海登怀着激动的心情起草了黄石地区的考察报告，交给了美国国会。这份报告不仅详细描述了黄石的地质特征和自然景观，还力挺关于设立保护区的建议，论证了保护这一自然奇观的必要性。

这次地质考察的贡献远不止于此。海登队伍中有位特殊的队员——哈得孙河派的著名画家托马斯·莫兰。哈得孙河派以风景画著称，尤其擅长描绘西部荒野那种粗犷原始的自然美景。他们的画作是美国西进运动时期吸引垦荒者不断西行的动力源泉之一。在黄石高原上，五彩的大棱镜热泉、神奇的老忠实喷泉以及那条挂在黄色悬崖上的瀑布，让莫兰看得热泪盈眶。他用画笔如实记录了黄石地区的自然景观。

在美国历史上，莫兰的画作所引起的轰动恐怕只有大约一个世纪后的登月影像可以与之相比。优秀的画作有远超任何文字描述的感染力，莫兰用画笔将黄石的壮美景色展现出来，一时间，偏远的黄石高原成为许多人心驰神往之所——尤其是那幅黄石瀑布的油画，就连国会的议员们也对其赞不绝口。经过投票表决，国会决定高价收购这幅作品，并悬挂于国会大楼之内。这是美国政府首次以官方名义向一位艺术家购买作品。在此之前，国会大楼的墙上仅悬挂着美国历史上的英雄人物肖像。议员们解释道，这幅作品所描绘的同样是一位英雄，而这位英雄就是大自然。

不久后，美国政府决定在黄石地区建立一座新型保护区，由联邦政府直接管辖，这种前所未有的保护区模式被命名为"国家公园"。1872年3月1日，时任总统的尤利西斯·格兰特签署了建立黄石国家公园的文件，自此，世界上第一个国家公园正式诞生。

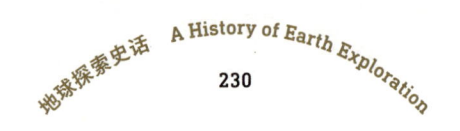

漂流高手

就在黄石国家公园成立的同一年，另一支由约翰·鲍威尔率领的考察队也从美国西部传回了震惊世界的发现。

鲍威尔与海登是欧柏林学院的校友，但他花了7年时间也未能完成学业——因为他根本就不喜欢自己学的拉丁语专业。鲍威尔天生爱好自然科学，尤其是观察各种岩石、化石和地貌现象。他对社会和政局也有着敏锐的洞察力，在南北战争爆发前的数年，他就预感到美国的内战不可避免，于是他每天锻炼身体，同时还学习了许多野外生存和军事技能。

鲍威尔钟爱户外活动，特别是漂流。从20岁起，他就在密西西比河沿岸开展了一系列极限漂流挑战。1856年，他独自乘坐一艘小船，从密西西比河上游的明尼苏达州出发，一直漂流到墨西哥湾。1857年，他从匹兹堡出发，沿着湍急的俄亥俄河进入密西西比河，然后又靠着一双船桨逆流而上，向北到达圣路易斯。1858年，他从五大湖出发，以漂流和划艇的方式穿过一系列河流，抵达艾奥瓦州的中部。这些长距离漂流挑战的成功，为他积攒了丰富的经验，使他在后来敢于去挑战更加凶险的西部河流。在这个时期，他也自学成才，掌握了许多水文学和地质学知识。

在南北战争期间，鲍威尔作为北军的战斗人员在军中服役，并凭借卓越的战功晋升为中校。这场战争永远地夺走了他的右臂，让他落下残疾，但并没有阻止他探索自然的热情。战后，他成为伊利诺伊卫斯理大学的地质学教授，并在伊利诺伊自然历史博物馆兼职，负责维护博物馆的化石藏品。

随着西进运动进入高潮，鲍威尔也渴望参与西部荒野地区的地质探险。1867年，他带着妻子和几名学生前往科罗拉多，开始了自己的首次地质探险。这趟旅途中，他成功登上了朗斯峰，这座山峰海拔4346米，位于科罗拉多高原与美国中部大平原的交界处，相对落差达2700米，山坡陡峭，攀登极具挑战性。

这次探险的成功给予了鲍威尔极大的信心。他决定进行更大规模的地质考察，并结合他最大的特长——漂流。1869年5月，鲍威尔召集了一支由10名队员和4条船组成的水上探险队，来到怀俄明地区的绿河流域，开启了新的考察计划。这次的考察始于绿河——这条后来因为"绿河杀手"连环谋杀案而闻名于世的河流，在当时还是一片充满神秘色彩的未知水域。鲍威尔等人从绿河上游顺流而下，一边漂流一边考察两岸的地质地貌。

发现大峡谷

绿河是科罗拉多河上游的支流，是一条急流涌动、瀑布众多、暗礁丛生的河流，行船漂流都充满了危险。旅程刚刚开始，鲍威尔的队伍就在一处激流中失去了一条船。虽然无人伤亡，但许多重要的物资都随着那条船一同沉入了水中，其中最为关键的是气压计——他们携带的所有气压计都在那条船上。

在没有人造卫星的年代，气压计是在野外确定当前位置海拔的唯一设备。确定海拔，不仅对地质测绘来说至关重要，甚至关乎整支队伍的生死。沿河而行的探险家利用气压计能估算出抵达下一个已知海拔位置之前，还剩下多少垂直落差，从而提前判断是否可能会遇到瀑布或地下暗河等危险地貌。

为了找回气压计，独臂的鲍威尔第一个跳入水中，冒着溺水的危险，几经努力终于将其中一枚气压计打捞了起来，众人都长吁了一口气。然后，他们继续顺流而下，一路上测绘并命名了绿河和科罗拉多河沿岸的许多地质特征，其中还包括一些如今游客们耳熟能详的景点，包括火焰峡谷、洛多尔之门、恐龙国家地标和格伦峡谷等。

1869 年 8 月，鲍威尔的探险队沿着科罗拉多河进入亚利桑那地区。不久后，他们的眼前出现了一幅令人惊叹的景象——一条超越想象的巨型峡谷横亘在天地之间，这就是日后闻名于世的科罗拉多大峡谷。

经过科罗拉多河年复一年的侵蚀，这条深邃的峡谷在高原上被刻画出来，它犹如千层蛋糕上的一道裂痕，将每一层都毫无保留地揭示在世人眼前。在河道两侧植被稀疏的峭壁上，40 多组地层一览无余，仿佛一本厚重的历史书，记录着从元古宙到白垩纪这 20 亿年间的地球历史。

在大峡谷沿途，鲍威尔对两岸的地层进行了测量，并绘制了精确的地图和剖面图。在仔细对比了地层的岩性及化石后，他发现了一个非同寻常的现象：在这条河边，形成于 5.2 亿年前的砂岩层直接覆盖在 16 亿年前的火成岩层之上，意味着这部本应完整的地球历史长卷，竟然缺失了大约 10 亿年的岁月痕迹。

鲍威尔将地层记录缺失的部分命名为"大不整合面"。他发现的这一现象与几十年前詹姆斯·赫顿在苏格兰观察到的颇为相似，只不过规模要大得多。后来的科学家们推测，这是由"雪球地球"事件引起的。"雪球地球"事件发生在大约 6 亿年前，那时地球正处于成冰纪大冰期，其规模和严重程度都超越了我们更为熟悉的第四纪大冰期。当时，整个地球被冰封，甚至赤道地区都无法幸免。巨大的冰川破坏了大量的地层，导致世界上许多地方都出现了长达 10 亿年的地质记录缺失现象。

此次水上漂流考察，鲍威尔的队伍在充满未知的河道上前进了约 1500 千米，穿越了几乎整条绿河以及科罗拉多河的中游区段，直至今天的拉斯维加斯附近才结束考察。

在绿河上游出发的 10 人队伍中，算上鲍威尔本人，最后只有 6 人成功完成了整个旅程。剩下的 4 名队员中，有一人在途中主动离开队伍，他声称已受够了这种冒险，不愿枉送性命，于是留在了当地一个与美国结盟的原住民部落，后来还在那里组建了家庭，过上了平静的生活。而另外 3 位同伴则没那么幸运，他们在考察接近尾声时与队伍失散，从此下落不明，很可能是在荒野遇袭身亡了，袭击者可能是敌对的原住民，也可能是当时被美国视为邪教而遭到围剿的摩门教徒。

1871年至1872年期间，鲍威尔再次回到大峡谷。这次，考察队中的专业摄影师留下了大峡谷的第一批照片。这些照片不仅具有极高的艺术价值，还为后来的科学研究提供了宝贵的资料。同时，鲍威尔在这次考察中绘制了更为详尽的地图。这些地图不仅对科学研究起到了极大的推动作用，也为后续走水路前往加利福尼亚州南部的移民提供了重要的路线规划参考。

西部荒野大科考

黄石和大峡谷的发现让美国各地的野外地质探险家备受鼓舞。他们深知，那片广袤无垠的荒野之中仍有许多未知的自然奇观和资源等待被发现。于是，美国联邦政府发起了一场规模空前的野外地质科考及测绘活动，力图绘制出覆盖整个美国西部的地形图和地质图。

他们组建了两支大型考察队，对内华达山脉以及落基山脉一带展开考察。这两支队伍所进行的野外考察，其覆盖面积之大、成果之丰富，令当时的欧洲同行们深感羡慕。欧洲作为老牌的文明中心之一，其开发程度已经相当高，城镇和农庄星罗棋布，适合野外科考的区域已经不太多了，就连阿尔卑斯山深处都已星星点点地分布着小村落。反观当年的美国，在密西西比河以西的区域，除了因淘金热而兴起的加利福尼亚州以外，其余地区都还未被探索，甚至很多地方连原住民都没有去过。从科学考察的角度来看，欧洲的那一点零星的荒野区域，根本无法与美国西部那数百万平方千米的无人区相提并论。

1879年，这两支考察队先后完成了考察任务，向上级部门提交了详细的考察报告。美国内政部将他们的报告与海登及鲍威尔的报告综合起来，终于厘清了西部地区的地质及地理概况。除了地质信息本身以外，这一系列的荒野科考覆盖了各种险恶、复杂的地貌，为全世界的地质学家积累了许多重要、宝贵甚至关乎生死的野外工作经验。

此外，这一系列科考活动也为美国培养了一大批擅长野外工作的地质学家。1879年，美国决定将这些精英集中起来，重新组建一个机构，取代当年针对内布拉斯加州而设立的美国领土地质和地理调查局。毕竟，内布拉斯加州已顺利地融入了联邦，美国领土地质和地理调查局早已完成了自己的使命，此时需要的是一个人力资源更丰富、功能更齐全的新机构。于是，美国地质调查局（USGS）便诞生了。

美国地质调查局成立后，海登仍然是担任局长的最佳人选。然而，他已不愿意再担任管理职位，而是希望全心全意地成为一名教师，将他在野外积累的经验和地质知识传授给年轻一代。其实在那之前，海登在好友莱迪的推荐下已经在宾夕法尼亚大学取得了教授席位。于是，美国地质调查局的首任局长由另一位探险家克拉伦斯·金担任。

克拉伦斯·金毕业于耶鲁大学，曾接受过包括冰川学家阿加西在内的众多知名学者的指导。他博采众家之长，拥有非常完整且渊博的知识体系。有趣的是，在当年那场开尔文挑战整个地质学的大争论中，克拉伦斯·金成了地质学界的"叛徒"，公开支持开尔文对地球年龄的计算，一度让查尔斯·莱伊尔等人焦头烂额。

克拉伦斯·金的职业生涯始于加利福尼亚州地质调查局（简称加州地调局）。当时，加州地调局的局长是经济地质学家约西亚·惠特尼，他正在致力于一项重要的工作——梳理内华达山脉的地质概况。由于人手不足，惠特尼破格提拔了年轻的克拉伦斯·金，让他负责内华达山脉南部区段的考察。克拉伦斯·金以扎实的功底和一丝不苟的态度提交了一份高质量的报告，尤其是他确定了当地金矿的形成年代，这让惠特尼对他更加刮目相看。

深入内华达山脉

内华达山脉深处藏匿着一条宏伟的山谷——约塞米蒂山谷（又译为优胜美地山谷），这座山谷早已因其令人叹为观止的壮丽景色而名扬四海。美国东海岸的作家和艺术家纷纷前来寻求灵感，而一些热衷于亲近自然的社会名流则将其视为度假胜地。1859年，纽约中央公园的设计师参观了约塞米蒂后，对其赞不绝口，还在报纸上公开发表了高度评价。这份评价影响深远，当时还未成为美国总统的林肯也被其吸引，心中默默地记下了这个地方。

然而在 1864 年，已经当上总统的林肯却听到了一些关于约塞米蒂的负面消息：有人在这个美丽的山谷里大肆伐木，甚至意图开采金矿，不惜破坏那里的自然环境以换取一己私利。林肯决定制止这种行为，但当时南北双方正在激战，林肯无暇他顾。于是，他给加州地调局的惠特尼布置了一项新任务：详细考察约塞米蒂山谷，划定一个具体的范围，以便筹建自然保护区。

惠特尼欣然领命，并将这项任务交给了克拉伦斯·金。不负众望，金一如既往地出色完成了任务，为约塞米蒂山谷保护区的建立划定了合理的范围。不久后，约塞米蒂自然保护区在金划定的范围内正式成立了，当地的环境破坏得到了遏制。

约塞米蒂自然保护区成立后，暂归加州地质调查局代管。惠特尼和金经常前往该地进行巡视。经过一段时间的观察，惠特尼的脑海中出现了一个百思不得其解的问题：这座神奇而壮美的山谷究竟是如何形成的呢？

在今天，只要稍微对地理知识有所了解的人都能轻易地识别出，约塞米蒂山谷是一个典型的U形谷[1]，这就意味着它的形成与冰川有着密切的联系。然而，当时的冰川学研究还处于初级阶段，人们对冰川地貌的认识还不够深入，因此惠特尼对此产生了困惑。

---

1. 最明显的冰蚀地形之一，因其横剖面呈"U"字形而被称为U形谷。

惠特尼也是个实力不俗的地质学家，他毕业于耶鲁大学的矿物学专业，是经济地质学领域的开拓人。惠特尼年轻时曾与查尔斯·莱伊尔有过一面之缘，并一直公开声称自己是莱伊尔的学生，据他解释，在那次短暂的相遇期间，莱伊尔为他规划了之后的整个职业生涯。莱伊尔也从来没有公开否认过这套说辞。

实际上，惠特尼早已怀疑约塞米蒂山谷是在冰川的刨蚀作用下形成的，然而，他被一个意外的情况所干扰，让他的判断走上了歧途。这个意外情况并非通常的学术失误，而是他在约塞米蒂山谷遇到了一个非常特殊的人。

山谷中的"疯子"

这个非常特殊的人名叫约翰·缪尔，是一位早期环保主义者。他在威斯康星大学地质系学习过，具备地质学相关的基础知识，并且热衷于野外考察。大学期间，他加入了一个文学社团，在社友的影响下，他开始崇拜梭罗等超验主义作家。从此，他也拥有了类似于超验主义的思想，即人们应该更加亲近自然，用心去感受山野间的万物，通过与自然界的精神交流来寻找真正的自我。

1869年，缪尔跟随一支运输队来到了约塞米蒂山谷，和别人一样，他瞬间被那里壮丽的景色所吸引。在之前，他因工厂里的安全事故而一度失明，直到前不久才恢复了视力，因此山谷美景带来的视觉冲击令他更加激动。因为深受超验主义思潮的影响，缪尔认为自己与山谷里的山石草木融为了一体，甚至山谷就是自己灵魂的一部分。他把山谷中看到的一切都写进了日记里，多年以后，年迈的缪尔把这份日记整理出版，即在散文界拥有独特地位的《夏日走过山间》。

● 约翰·缪尔

缪尔决定留在当地生活。在山谷里，缪尔开始为每一块石头、每一棵树、每一只翱翔天空的鸟儿命名，甚至对着它们自言自语，畅谈着"灵魂"与"自然之神"，也批判着工业革命带来的污染。对周围的人来说，他这样的行为有点不可理喻，以至于许多人认为他有精神疾病，是个疯子。

就是在这样的状况下，巡视山谷的惠特尼遇到了缪尔。起初，惠特尼并未对缪尔产生太多的排斥感，因为他早就听说缪尔曾学习过地质学，算得上是一位同行。他们还曾一同探讨过山谷中的许多地质现象。

有一天，缪尔突然一本正经地告诉惠特尼，他发现约塞米蒂山谷的成因和冰川有关。当惠特尼急切地询问他是否发现了任何冰川痕迹时，缪尔却带着一种极其严肃的表情回应道："不，我是在与山谷进行了心灵感应沟通后得知的这个情况！"

这个突如其来且过于诡异的答案，对惠特尼造成了巨大的精神冲击。从那一刻起，他开始对缪尔敬而远之。每当回想起这件事，惠特尼都会在潜意识里认为，缪尔已经帮他排除了一个错误的选项——这个山谷的成因不会与冰川有关。然而，他也因此被迫从构造地质学的角度去解释这个山谷的成因，但苦于实在找不出支持自己观点的证据，于是陷入了长期的纠结。

1874年，惠特尼入职哈佛大学任矿物学教授。直到离开加利福尼亚州之际，他仍对约塞米蒂山谷的来历感到困惑不解。这个原本就不该存在的谜题竟然持续了60多年才得以解开。20世纪30年代，美国地理学家协会的创始人弗朗索瓦·马特斯重新考察了约塞米蒂山谷，他从科学的角度证实了缪尔的结论是正确的，虽然缪尔的理由让人难以接受。

惠特尼离开后，缪尔继续长期生活在距离约塞米蒂不远的旧金山，事实证明他并不是真的"疯了"，而是对这片山谷爱得实在是太过深沉。对超验主义的崇拜让他相信人与自然能够心有灵犀，这才是他看上去疯疯癫癫的原因。后来，缪尔联合斯坦福大学和加利福尼亚大学的几位生态学教授，成立了雪山俱乐部，负责维护约塞米蒂的生态环境。时至今日，雪山俱乐部已经是户外活动界和环保界大名鼎鼎、无人不晓的组织。

在黄石国家公园成立之后，缪尔认为约塞米蒂也值得变成一个受保护程度更高的国家公园。在缪尔的反复呼吁和游说之下，约塞米蒂保护区终于按照黄石的标准，被升级为国家公园。1903年，缪尔邀请美国总统西奥多·罗斯福访问约塞米蒂，并在山里露营过夜。他们一同攀登了约塞米蒂的最高点——"冰川角"（又译冰川点），在缪尔的详尽解说下，罗斯福被原始的自然风光深深打动，从此也成了一个坚定的环保主义者。

这次旅行改变了美国乃至全世界许多山林原野的命运。在罗斯福的大力宣传和支持下，一大批新的国家公园得以建立，也为后来国家公园署的正式成立奠定了基础。其他国家也陆续参考美国国家公园署，设立了众多国家公园或国家级自然保护区，为世界留下了许多充满野性的净土。虽然缪尔未能活到国家公园署成立的那一天，但他仍被人们尊称为"国家公园之父"。

PART 6
第六章
科学新边疆

破解大气和海洋的密码

16. 海洋高速公路

▪ 洋流、信风与新航线 ▪

一股强劲的洋流

1768 年，本杰明·富兰克林带着一个困惑了他很久的问题，去请教他的表弟蒂莫西·福尔格。这位富兰克林就是被画在 100 美元纸币上的那个老头儿，他后来参与起草《独立宣言》和美国宪法。虽然没当过总统，但论历史地位，富兰克林几乎和美国开国总统华盛顿平起平坐。

此时尚在独立战争之前，富兰克林是英属北美殖民地的邮政局副局长，和他日后的身份相比，这时的他还算不上什么大人物，但有一点是他终其一生也没有改变的，那就是对自然科学的热爱。富兰克林不仅是一位政治家，也是一位兴趣广泛的科学家，人们对他最深刻的印象，恐怕就是他在雷雨天放风筝以研究雷电现象的事迹了。

在邮政局工作期间，作为副局长的富兰克林主要负责监督英格兰和北美洲之间的跨大西洋邮件投递。在职责范围内，他发现了一个引人深思的现象：尽管船只的航行路线大致相同，但从欧洲到北美洲的航行时间却比返程的时间长得多。为了找到这一现象背后的原因，他向自己的表弟福尔格——一位经验丰富的捕鲸船船长寻求帮助。

福尔格居住在马萨诸塞州（当时叫作马萨诸塞殖民地）的楠塔基特岛，那里是梅尔维尔《白鲸》的故事背景地，岛上的居民几乎都是航海高手。福尔格从十几岁起便驾驶着捕鲸船出没在大西洋的风浪中，对大西洋的海情了如指掌。富兰克林深信，福尔格的航海经验将是解开邮船跨洋时间之谜的关键。

在听完富兰克林的问题后，福尔格不禁感到有些惊讶，他问道："怎么，难道你们的邮政船船长竟然对大海洋流一无所知吗？在我们楠塔基特岛，这几乎是三岁孩童都熟知的常识啊！"

虽然有些许夸张，但福尔格并非信口开河。与邮政局旗下坚固的跨洋邮轮相比，楠塔基特岛那些简易的捕鲸船显然在惊涛骇浪面前不堪一击。因此，福尔格他们必须更加了解不同海域的水流及气象规律，因为这不仅关乎他们的收成，还关系到他们能否平安返回岸边。

福尔格向富兰克林透露，按照现有的航线，邮政船在开往北美洲时会遇到一股"温暖而强劲的洋流"，而且是逆流而行，所以会耽误很多时间；然而在去往伦敦的途中，它们又会顺流而下，从而

节省了不少时间。福尔格还说,他和他的同行对这股洋流十分熟悉,并经常借助它来追踪鲸。这股洋流的名字叫作墨西哥湾暖流。

西班牙船长的豪赌

墨西哥湾暖流起始于墨西哥湾,然后大致沿着北美洲的东海岸向北流动。根据历史记载,梦想找到"不老泉"的西班牙探险家胡安·庞塞·德里昂在1513年首次发现了这股强劲的水流。当时他的船正行驶在佛罗里达半岛附近,突然被一股强大的水流所阻挡,尽管当时海面上的风力强劲,但他的船却逆着风被水流推了回去,这足以证明这股水流的力量之大,甚至超过了风的力量。

这股水流并未引起德里昂的足够重视。16世纪初,人们对海洋的认知尚处于初级阶段,航海图上仍然标注着传说中的海怪出没地点,甚至有些航海家还在争论赤道以南的海洋是否处于沸腾状态。因此,德里昂并未意识到这股水流的重要性,也根本没去思考它对远洋航行的潜在影响。

然而,船上的水手安东·德·阿拉米诺斯却默默地记下了这股水流。他是一位经验丰富的航海家,曾协助哥伦布进行探险。1519年,阿拉米诺斯也成为船长,他接到的第一个任务是去墨西哥接手一批从阿兹特克人那里掠夺来的财宝,然后把它们运回西班牙本土。

阿拉米诺斯早就想尝试一条新的跨洋路线。那个时候,欧洲人已经对欧洲近海的洋流走向有了基本的认识。阿拉米诺斯观察到,

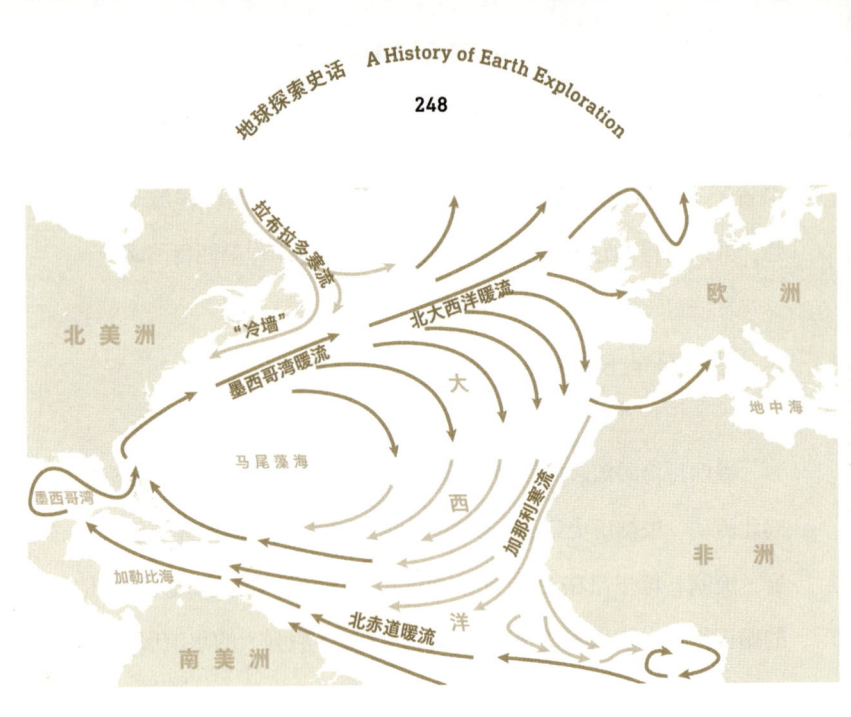

• 北大西洋的主要洋流示意图

在大西洋的北部，强大的北大西洋暖流如同巨大的传送带，将海水从西南向东北输送到了欧洲附近；而在欧洲及北非的近海，加那利寒流则从北向南流动，将海水带往更靠南的地方。这两股洋流在某种程度上几乎是首尾相连的。

根据这个观察结果，阿拉米诺斯在脑海中想象，加那利寒流带走了海水，在欧洲近海留下了空缺，而这空缺正被北大西洋暖流带来的海水不断地填补着。那么，谁又来填补北大西洋暖流所带走的海水呢？

他的脑海中闪现出一个惊人的设想：墨西哥湾的那股强劲水流，或许正是为了填补北大西洋暖流所带走的海水而存在的。他猜测，如果沿着墨西哥湾暖流前进，那么在北美洲东海岸外海的某个地方，或许就能搭上北大西洋暖流的顺风车，如此一来，从美洲返回欧洲的航行时间可能会缩短不少！这个想法在他的心中燃烧起来，他迫不及待地想要试一试。

在那个时期，西班牙的殖民地主要分布在加勒比海和中美洲地区。此前，从这些地方返回欧洲的船只通常会直接向东航行，借助西风带的风力返回欧洲。然而，西风带在中纬度地区最为强劲，而加勒比海的纬度较低，靠近热带，因此西风强度微弱，导致船只行进速度缓慢。在马尾藻海等特定区域，甚至可能出现无风的情况，致使船只不得不在海上等待数天，直到有足够的风力继续前行。这种航行方式不仅效率低下，而且容易使船员面临淡水和食物短缺的困境。

阿拉米诺斯决定改变这种现状。在返回西班牙本土的时候，他命令船只改变航向，沿着北美洲东海岸向北航行。水手们对此感到不安，因为这条路线似乎舍近求远，过去从未有人尝试过。虽然在墨西哥湾暖流的推动下，行船速度的确有所加快，但船只的方向却偏离了预期。如果这股水流不改变方向，他们可能会被带往寒冷的北极。

对阿拉米诺斯而言，这无疑是一场豪赌。他孤注一掷，将自身以及众多水手的生命，连同满船的金银珠宝交付给了一个尚未得到验证的推测：墨西哥湾暖流会引导他们找到北大西洋暖流，而北大西洋暖流会将他们带回欧洲。幸运的是，阿拉米诺斯赌对了。在北纬35°的哈特拉斯角附近（位于现今美国北卡罗来纳州），来自北

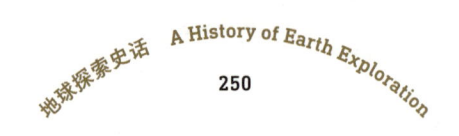

方的拉布拉多寒流带来了大股冰冷的海水，在近岸地区形成了一座"冷墙"，迫使墨西哥湾暖流逐渐远离海岸线，朝更东的方向前进，随后融入北大西洋暖流。

当看到海流转弯，指向欧洲的方向，全体船员都如释重负。而更令他们惊喜的是，随着纬度的升高，西风变得更为强烈。这意味着，前往欧洲的航行不仅顺利，还会得到强风的助力。阿拉米诺斯仅用了一个多月便回到了西班牙，而这段航程原本预计要三个月才能走完。也就是说，他成功地将跨越大西洋的时间缩短了一半！

在历史的长河中，阿拉米诺斯的航行犹如晨曦初照，照亮了未知的海洋世界。他以无畏的勇气挑战了未知的海域，开辟了一条崭新的航线，为后来的探险家们铺设了连接新旧世界的坦途。但是，这条新航线带来的不只是文明的进步，更多的是贪婪。在航线的端头，西班牙帝国的旗帜在风中飘扬，西班牙人更加肆无忌惮地在美洲掠夺，野心暴露无遗。他们以征服为乐，以占有为荣，将无尽的欲望之手伸向了美洲的原住民部族。包括阿兹特克和印加帝国在内的美洲原住民文化则在病菌和枪炮的摧残下黯然消逝。

臭名昭著的"三角贸易"

16世纪，西班牙的崛起让世人瞩目，当时的二流国家英格兰也对殖民活动的巨大利润垂涎三尺。英格兰人渴望分得一杯羹，然而自身的国力尚不足以支撑其在美洲进行大规模的扩张。于是，他们不得不寻求一些不那么正大光明的手段来达成目的。

英格兰女王伊丽莎白一世秘密与经验丰富的海盗头子沃尔特·罗利联手，他们准备在半路抢劫西班牙的商船。罗利是在大西洋上出没多年的老水手，对洋流的动态烂熟于心。他向女王提出一个绝佳的伏击地点——哈特拉斯角，也就是墨西哥湾暖流拐弯离开北美海岸的那个地方。

哈特拉斯角的地理位置独特，此处远离西班牙军队在中美洲的势力范围，使得伏击几乎不可能被提前发现，但同时它也是西班牙商船离开北美洲海岸线前的最后一个必经之地。此外，海岸边还有宽广的潟湖，为海盗船提供了绝佳的藏身之处。不得不说，罗利的计划近乎完美，哈特拉斯角确实是一个完美的伏击地点。

自那时起，英格兰支持的海盗船在哈特拉斯角屡次对西班牙商船发起袭击，令西班牙蒙受了巨大的损失。这也为西班牙和英国两国关系的恶化及最终的战争埋下了伏笔。1585年，罗利的部下理查·格伦维尔在哈特拉斯角附近的罗阿诺克岛上，建立了英格兰首个北美洲殖民据点。但这个据点的居民在1590年全部失踪，这个神秘的失踪事件至今仍是一桩悬案。不过，这次失败的尝试揭开了英国人殖民北美洲的序幕。1607年，英格兰在哈特拉斯角以北的切萨皮克海湾沿岸建立了第一个成功的殖民点——詹姆斯敦。

为了发展经济，詹姆斯敦的居民们开始种植烟草。1707年，苏格兰并入英国后，苏格兰的城市格拉斯哥迅速壮大。原来，北大西洋暖流直直地指向了苏格兰的克莱德河河口，而格拉斯哥就是该

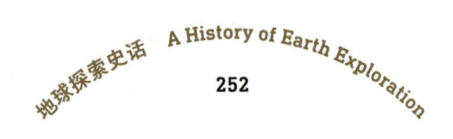

河沿岸的港口。当苏格兰和英格兰合并后,许多来自北美洲殖民地的英国船只会径直前往格拉斯哥,因为这比前往伦敦或利物浦还要便捷。

自此以后,格拉斯哥的商人们逐渐形成了对欧洲烟草进口的垄断,被誉为"烟阀"。为了与格拉斯哥争夺丰厚的利润,伦敦等地的商人也纷纷前往北美洲建立新的据点,占据自己的领地。此后,卡罗来纳、佐治亚和马里兰等南方殖民地相继成立,种植的作物也

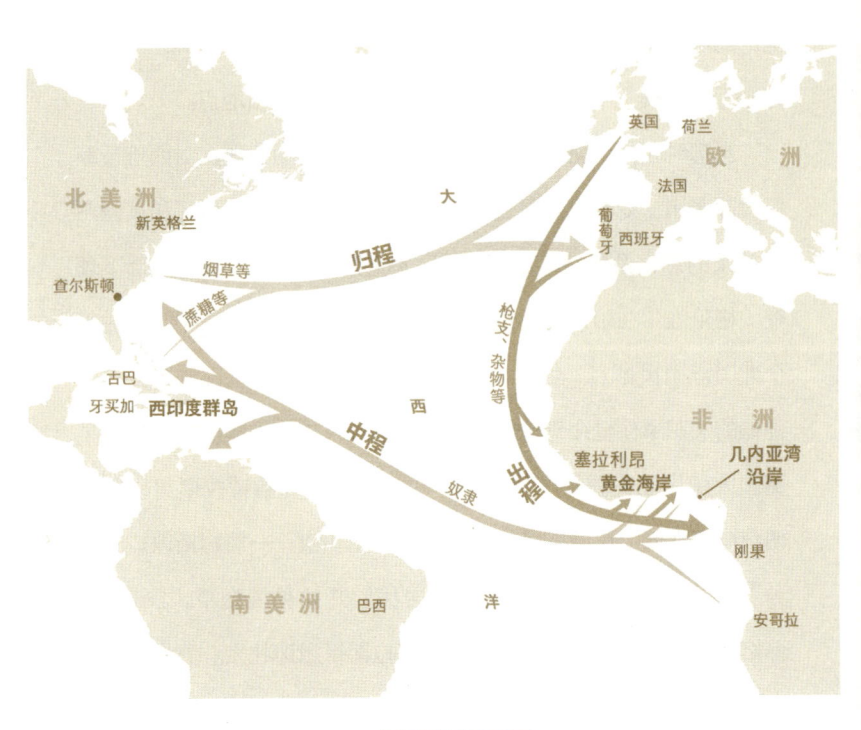

● 三角贸易航线示意图

由烟草扩展到了棉花和甘蔗等。

随着种植业的发展，殖民地需要更多的劳动力。于是，英国开始效仿葡萄牙和荷兰，踏上了贩奴的道路——从非洲贩卖黑奴到北美洲。这就是历史上臭名昭著的"三角贸易"：以英国人为首的欧洲人从本土出发，将武器、衣物等商品带到非洲西部的几内亚湾沿岸，在那里抓捕黑人作为奴隶并运送到美洲贩卖，之后再把北美洲的蔗糖、烟草和棉花等物资运回欧洲。

为什么他们要先去非洲再去美洲呢？其中一个原因，此时的英国航海家也早已学会了巧妙地利用自然的力量。从欧洲去非洲西部，可以顺着加那利寒流南下，而从非洲去美洲，则可以借助向西吹动的低纬信风跨越大西洋。

值得信赖的风

在很早以前，腓尼基和波利尼西亚等海洋文明就发现了信风带的规律。到了大航海时代，欧洲的水手们凭借敏锐的观察与勇敢的探索，率先将信风应用到了长途海上航行中。其中，葡萄牙的亨利王子功不可没。

亨利王子虽然并不参加海上探索，但他在15世纪资助了许多杰出的航海家。有观点认为，由于新兴的奥斯曼帝国阻挡了传统的陆上"丝绸之路"，切断了旧有的贸易通道，亨利王子只能倾尽府库，支持航海家沿着非洲西海岸进行探索性的航行，以期寻找新的

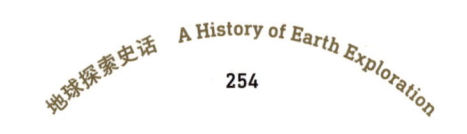

贸易路线前往传说中富饶的中国和印度。

葡萄牙的海上探险活动，为欧洲人带来了航海技术和船舶设计的重大进步。他们改进了船只的设计，使其能够逆风逆流航行。此外，葡萄牙人还获得了一个重要的知识：赤道附近的热带地区常年都刮东风，这股东风不停地吹向西方，十分可靠，值得航海家信赖，因此被称为信风，它可以让船只相对快速地向西航行。

这个关键知识后来在哥伦布及其他西班牙征服者前往美洲时，发挥了至关重要的作用。自哥伦布以后，一条成熟的航线形成了。船员们先跟随从北向南的加那利寒流，沿着已经熟悉的非洲西海岸向南航行，然后乘着信风迅速向西穿越大西洋。

17 世纪，英国气象学家乔治·哈德利对信风的起源进行了深入剖析。关于他早年的经历，历史记载并不多，我们仅能得知他于 1685 年在伦敦出生，他的父亲是一位警察，他的哥哥约翰·哈德利是一位发明了八分仪的数学家。

哈德利在牛津大学毕业，他原本是一名律师，然而他对气象学一直有非常浓厚的兴趣。在他生活的那个时代，气象学还是一个全新的领域。他从葡萄牙人的航海日志中发现了"信风"的存在，并由此提出了一个引人深思的问题：为什么信风会向西方吹呢？

当时，人们已经对风的形成原理有所了解，即气压差导致的空气流动。按常理来说，热带和寒带的温差应该会引发南北方向上的气压差异，也就是说，风总体上应该沿南北方向吹。然而，航海日志显示，赤道附近的风始终是吹向西方的东风。这个发现令哈德利深感困惑，也引发了他对信风成因的进一步探索。

经过研究，哈德利在 1735 年发表了一篇论文，阐释了自己对信风的见解。他主张，在赤道附近的炎热气候下，空气会变暖、膨胀并且上升，使得近地面气压较低。来到高空的暖空气向极地方向移动，它们会在大约南北纬 30°的地方冷却并下降，在地表附近产生高压区。这个高压区会迫使地面的风吹向气压较低的赤道，形成了对流循环。

因为地球的自转，吹向赤道的风会发生横向偏转，从而形成了东西向的流动模式。这里的横向偏转，其实就是我们现在所说的科里奥利效应[1]，但那时候它还没被系统地研究过。

哈德利的思想在他生前并未被广泛接受，直到 19 世纪才获得了认可，为了纪念他，低纬度信风所在的大气对流循环单元被命名为"哈德利环流"。

第一张洋流地图

发展到这个阶段，人类对海洋和风向的理解似乎已经取得了显著的进步。然而，事实并非完全如此，因为这些知识仅仅为少数人所掌握。直至富兰克林生活的 18 世纪中期，有关洋流和盛行风向

---

1. 由法国物理学家科里奥利发现的一种在旋转坐标系中移动的物体发生偏转的现象。

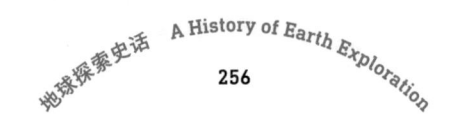

的信息，仅存在于少数官员、商人、船长和海盗的脑海中。尤其是对于从事殖民地开拓行业的商人和船长而言，这些信息被视为宝贵的商业机密。

为了保持竞争优势，船长们始终保守着这些机密，他们除了向自己亲自教导的徒弟传授这些知识外，不会将它们分享给更多的人。如果你是一个入行较晚的新人，想要了解不同海域的风向和海况，那么你只能去拜码头，加入某个商业联盟，或像福尔格等楠塔基特岛的捕鲸者一样，以身犯险去逐步探索。

福尔格还向富兰克林提到了一件事。有一次出海捕鲸时，他曾遇到一艘英国邮政船，在墨西哥湾暖流中艰难地逆行。他靠近那艘邮政船，用灯光提醒他们改变航道，避开下面的洋流。然而，那艘邮政船的船长却无法理解他的暗示，固执地继续与逆向的湾流抗争，以蜗牛般的速度前进。

听完福尔格的叙述后，富兰克林茅塞顿开。他明白了为什么北美洲和伦敦之间的往返路程时间差异如此之大，同时也想明白了为什么邮政局的船长们对洋流知识一无所知。

邮政局的船长们都是邮政系统的雇员，属于民政事业的从业人员，他们工作稳定，既不参与殖民掠夺，也不参与商业竞争，更不是那些迫于生活压力而不得不穿行于风波里的渔民和捕鲸者。所以，邮政船船长们几乎对墨西哥湾暖流一无所知，他们只会在大西洋上按照预设线路呆板地行船，根本不会利用洋流，甚至有时候还会和洋流"对着干"，白白浪费了许多时间。

作为邮政局的副局长,富兰克林深知提高信件投递效率的重要性,也认为自己有责任帮助邮政局提高跨洋寄送服务的效率。于是,他决定绘制一幅墨西哥湾暖流地图,向船长们普及大西洋的洋流知识。在福尔格的协助下,这幅洋流地图很快便完成了。

富兰克林将这幅地图分发给邮政局所有的邮政船船长,并详细地指导他们如何更有效地横穿大西洋。这张图成为世界上第一张洋流地图,除了帮助邮政局以外,还有很高的科学价值。它的出现标志着海洋学的知识不再被商业机密所束缚,而是正式成为一门基础自然科学。

• 在洋流中顶着风浪穿梭的船只

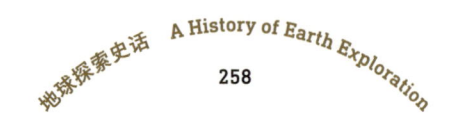

废纸堆里的大发现

1806年，美国海洋学家马修·方丹·莫里在美国弗吉尼亚州出生。他的家族拥有军旅传统，他也不例外。莫里在早期的军旅生涯中曾服役于多艘军舰，然而在1839年的一次任务中，他的腿部受重伤，无法再担任海员。此后，他被任命为一座海军仓库的主管。

这座仓库就是美国海军天文台的前身，但在当时，它只是个普通的库房，里面存放着许多旧式航海仪器和船只部件，角落里还堆放着许多被厚厚灰尘覆盖的纸质文件。交接任务时，上一任仓库管理员告诉莫里："这都是一些过时的航海日志和海图，现在已经没什么用了，但是销毁起来又挺费劲，所以还留在此处。你把它们当作废纸就行了。"

然而，莫里在看守仓库的时候无法抑制自己的好奇心，开始翻看那些被视为废纸的航海日志和海图等资料。他发现，这批资料大多是继承或缴获自殖民地时代的英国海军舰艇。当时的英国已经成为日不落帝国，英国海军的踪迹遍布全世界。因此，这些所谓的"废纸"实际上包含了覆盖世界上几乎所有海域的水文和气象数据。更难得的是，这些信息还包含具体的时间与地理坐标，是珍贵的三维时空数据，绝不是废纸那么简单！

看着看着，莫里脑海中突然闪现出一个新的想法：这些航海日志里包含了大量的水文和气象数据，然而它们在这里却如同废纸一般被闲置，实在是一种浪费。如果对这些数据进行系统性的分析，就可能识别出全球不同海域盛行风向的变化趋势以及洋流的模式。如果将这些分析结果绘制在一张地图上，就可能有助于舰艇规划更快捷、更安全的跨洋线路，这简直就是变废为宝！

莫里不敢相信，如此重要且基础的事情，在此之前竟然从来没有人做过。于是，莫里毫不犹豫地承担起了这项任务。他首先从航海日志中提取出水文和气象信息，根据它们的具体时间和地点进行整理，然后把这些信息分别汇编到时间表和地图上。接着，他在地图上把具有相似特征的区域都圈了出来——例如那些一年到头都刮着东风的海域，或者那些有强劲的西向洋流的区域。

在初稿完成之后，莫里将它们分发给各位海军舰长，鼓励舰长们在航行中使用这张图，并邀请他们提供宝贵的反馈意见。后来，他根据舰长们的反馈意见，不断修订和完善这张图表。这是在地球科学领域内，首次有人尝试"众包"形式的数据采集方法。几年后，他完成了风和洋流图表的最终稿，这幅图表在当时那个全球市场逐渐形成的时代，极大地减少了全球航行的时间，赢得了全球海事界乃至商业界和科研界的广泛赞誉。

莫里的贡献不仅仅局限于航海领域。1855 年，他出版了《海洋自然地理学》，该书被认为是世界上第一本关于海洋学的综合性著作。他在这本书中探讨了包括海洋气象学和海洋生物的分布在内的各个主题。

此外，莫里还对当时正在尝试的海底电报电缆的架设工程提出了建议。他主张铺设跨洋电报电缆的路径应该选择在大西洋中部，因为那里的风浪相对稳定，水深也较浅；而非选择所谓的"最短路径"，强行穿过风高浪急且深度较大的位置。虽然他的建议最初未被采纳，但随着"最短路径"铺设方案的连续失败，人们最终不得不部分参考莫里的方案重新设计路线。

莫里的职业生涯在南北战争期间被迫中断。他的故乡弗吉尼亚是南方的心脏地带，而他本人也坚定地支持蓄奴制度。战争爆发后，他站在南部邦联的一边，利用他的海洋学知识为南方海军制定了许多高超的战术战法，甚至一度协助南方海军突破了北军的严密海岸封锁。然而，由于双方的硬实力相差悬殊，南方海军最终还是在海战中遭遇了挫败。

南北战争结束后，莫里为了自身的安全选择逃往海外，他先后在墨西哥和巴西落脚。在巴西逗留期间，他提出了"亚马孙共和国"的构想，鼓吹巴西仿效美国南方实行奴隶制，并呼吁美国的奴隶主移民至巴西，带着他们的黑奴一同重拾旧有的生产模式。

莫里总是热衷于向他人灌输自己的蓄奴观点，他坚称某些气候和地形天生就适合奴隶制，例如美国南方和巴西。他借助自己最擅长的洋流模式，来强调巴西与美国南部的共性。他宣称，由于巴西与美国南部之间由洋流相连，这便意味着两者原本就是不可分割的。这当然是毫无逻辑的谬论，按照他的说法，世界上所有的陆地都不可分割，因为它们都被洋流连接在一起。

尽管莫里是一个坚定不移的蓄奴主义者，但他又的确是个才华横溢的海洋学家，美国政府担心他可能会投奔英国或法国，因此在1868年给他专门颁布了特赦令，并欢迎他回归美国。返回美国后，莫里一直在弗吉尼亚军事学院任教，直至去世。尽管他在废奴问题上的立场有很大的争议，但莫里对海洋学的贡献是不可否认的。他的研究为现代海洋气象学奠定了基础，而他的风和洋流图表至今仍具有现实价值。

三圈环流模型

在莫里潜心研究风向与洋流的同时，另一个美国人也在相同的领域做出了卓越的贡献。这个人是来自宾夕法尼亚州的威廉·费雷尔，他站在哈德利的肩膀上，进一步完善了大气环流与盛行风向的模型。

费雷尔毕业于贝瑟尔学院（如今的贝瑟尔大学），年轻时曾担任数学教师与测绘员，后于纳什维尔大学执教，在此期间，他阅读了大量气象学著作。费雷尔受到哈德利与科里奥利的启发，投身于地球大气动力学的研究，渴望更深入地理解复杂的天气现象。

费雷尔认为，尽管哈德利的模型解释了低纬信风带的形成，但未能完全阐述中纬西风带的成因。因此，他从更为宏观的全球角度出发，对哈德利的模型进行了全面的升级与补充。1856年，费雷尔发表了一篇著名的论文，其中提出了"三圈环流"模型。

三圈环流模型对全球表面风向进行了系统性的概括。在费雷尔

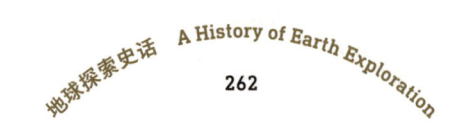

的观念中，不同的空气循环系统与地球自转效应相结合，在全球范围内塑造出了六个大气对流循环单元，南北半球各三个，包括赤道附近的信风带（即哈德利环流），中纬度地区的盛行西风带（后来被命名为费雷尔环流），以及高纬度地区的极地东风带。

这个模型还深入解释了许多表层洋流的形成原因——例如，北大西洋暖流在很大程度上就是由北半球费雷尔环流的风力驱动的，而南半球的中纬西风带则驱动了环绕南极大陆旋转的寒流——西风漂流。

17世纪，荷兰探险家偶然发现，南纬40°区域存在一股强大的西风和汹涌的海流。这一发现让荷兰的船只能够迅速穿越广袤的印度洋，并且巧妙地绕过非洲南端近岸那片饱受风暴肆虐的好望角海域。他们将这个特殊的西风带称为"咆哮的四十度"，它的发现使荷兰取得了对东南亚地区香料贸易的主导地位。

费雷尔的"三圈环流"理论深入解析了西风漂流的形成机制。那个特定的纬度上没有大片陆地来阻隔海水，强劲的盛行西风推动着表层海水，并加剧了垂直方向上的海水交换。在这种作用下，表层的海水在风的驱动力、科里奥利效应产生的偏向力以及下层海水的摩擦力之间达成了一种平衡。这使得西风漂流能一直保持强劲的势头，成为世界上规模最大的洋流。

费雷尔的这项工作将人们对天气、气候和洋流模式的理解提升到了一个全新的层次，"三圈环流"至今仍然是气象学领域的基础模型。

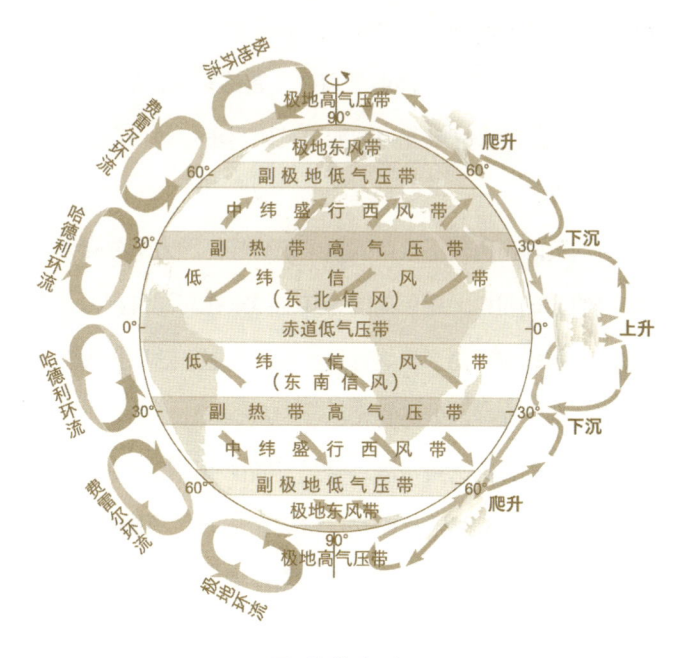

• 三圈环流模型示意图

"挑战者"号的环球航行

眼见美国人在海洋科学领域大获成功，英国人开始坐立不安。1872年至1876年期间，英国政府决定投入大量资金，组织了一次远洋科学考察。这是有史以来第一次专门为收集全球海洋相关数据而组织的科学考察，由英国的查尔斯·汤姆森领队。

这次考察的大部分经费是由汤姆森筹集的。他不知从何处寻来了一些珍稀的海洋生物化石，并带着这些化石游说英国政府，成功说服官员们支持他的远洋考察计划。他向英国官员们阐述,海洋深处仍有许多未解之谜,可能蕴藏着许多新的资源,值得深入探索。但海洋是无主之地,先到先得,如果英国再不行动,恐怕就会被美国人抢占先机。

当时的英国正值日不落帝国繁荣的巅峰,国力十分强大,为了维护自己的全球霸权,避免美国等其他国家在海洋资源的开拓上捷足先登,英国政府同意了汤姆森的建议,发起了这项世界性的探险活动,决心探索海洋深处的秘密。

汤姆森所指挥的"挑战者"号是一艘由英国护卫舰改造而成的科考船,在1872年圣诞节前夕,这艘船离开了英国的朴次茅斯。船上装备了各种当时最先进的仪器和实验室设备,其中包括不同类型的取样器,用来抓取海底的物体。每当到达一个采样点,船员们便会将采样器降到海底,去采集海床上的岩石、泥浆或其他沉积物。

"挑战者"号首先从英国向南行驶到南大西洋,然后绕过非洲南端的好望角,穿越印度洋抵达新西兰。之后,它向北驶向夏威夷群岛。在这个过程中,它发现了海洋的最深处——马里亚纳海沟,而这条海沟中最深的一段后来被命名为"挑战者深渊",以致敬这次航行。在夏威夷附近完成考察之后,"挑战者"号再次向南,绕过南美洲的合恩角回到大西洋,最终于1876年夏季回到了英国。

在这次环球航行中,"挑战者"号取得了大量的最新海洋数据，涵盖了海洋深度、海水温度、海水化学、洋流方向、海洋生物种类、海底沉积物和岩石样本等各个领域。参与"挑战者"号航行的科学家们精心绘制了一幅详细程度史无前例的海洋地图，其中详述了全球洋流的分布和海水的温度。他们还通过实际测量数据，纠正了莫里的风和洋流图表中的错误。

此外，考察中采集到的海洋生物标本和海底岩土样本被送往不同的实验室进行研究。科学家们发现了一些前所未见的浮游微生物，就是前文里那些创造了凝块石的有孔虫，这种微生物将对古气候研究产生深远的影响。考察团队中还有一些学者顺道采集了世界各大河流的河口数据，为河流水文学做出了杰出的贡献。

随着"挑战者"号航行的圆满成功，19世纪末的人们逐渐掌握了全球各大洋表层海水的流动模式，以及它们与风向之间的密切关系。然而，海水不仅局限于表面一层，深层海水的流动方式又是怎样的呢？这个问题留待20世纪来揭晓答案，而揭开这个谜团的人名叫亨利·施托梅尔。

大洋中的"海水传送带"

施托梅尔于1920年出生于美国特拉华州。1942年，他从耶鲁大学获得了本科学位。当时正值第二次世界大战，施托梅尔报名加入了美国海军，负责研究反潜战术。这段经历激发了他研究海洋深处的兴趣。

战争结束后,施托梅尔加入了马萨诸塞州的伍兹霍尔海洋研究所,担任研究助理。1948年,他利用综合的物理和地理模型,合理地解释了"西部强化现象"。这种现象指的是,在全球的5个主要的大洋环流中,处于海洋西部边界的洋流总是比东部边界的洋流流速更快。例如,同属北太平洋环流的日本黑潮就比加利福尼亚寒流的流速快,因为黑潮在太平洋的西部,而加利福尼亚寒流在太平洋东部;北大西洋也有相似的情况,位于西侧的墨西哥湾暖流比东侧的加那利寒流的流速要快一些。施托梅尔利用科里奥利效应以及海水的密度和摩擦力等模型,为这个现象找到了合理的解释。

20世纪50年代中期,施托梅尔又提出了另一个具有影响力的理论——全球温盐循环。这个理论揭示了海洋深处的水体并非是静止不动的。除了表层洋流外,深层海水也在不断运动。这种运动是由海水的盐度和温度差异以及风向共同驱动的,它的核心理念是:寒冷的高盐度海水密度较大,会形成下沉流,沉入海底;相反,温暖的低盐度海水密度较小,会浮于海面,它们和信风及西风一起,带动了全球海水的立体循环。

由于这两项杰出的成就,哈佛大学在1959年破天荒地聘用了施托梅尔为教授。在20世纪以来的美国,以本科学历直接晋升为教授的情况极为罕见,更不用说是在哈佛大学这样的世界知名学府。在哈佛期间,施托梅尔继续深入研究海洋深处的海水性质。为了提高研究效率、使成果更具普遍性,他开创性地使用了简化的

"盒子模型"来研究复杂的海洋过程,例如海水的营养循环或碳封存等。

"盒子模型"将海洋划分为代表不同区域(如表层水、深层水、近海、外海等)的一个个"盒子",每个盒子都具有特定的属性(如温度、盐度、营养物浓度等),并且可以通过各种方式与其他盒子相互影响(例如化学物质的扩散、温度的传导、水汽的蒸发等)。至于盒子内部的详细过程,只要与研究主题无关,就不考虑,这样就简化了模型并提高了研究效率。这种思路成为海洋学领域的标准方法,它可以删繁就简,帮助科学家们直击问题的核心。

通过运用"盒子模型",地质学家华莱士·布勒克在1987年完善了施托梅尔的全球温盐循环理论,并将其形象地比喻为全球"海水传送带"。这个传送带的起点位于挪威和冰岛附近的海域,那里的海水因为热量散失而降温,随着密度的升高而沉入海底并向南移动,为后续的下沉海水腾出足够的空间。

来到深层的海水会在底部穿越大西洋,跨越赤道,一直流到南极洲,并进入印度洋和太平洋。最终,这些底层海水会通过与表层水的长期混合而返回表层,或者通过由风驱动的上升补偿流而返回海水表层。

"海水传送带"模型不仅帮助我们清晰地理解了深层海水的移动路径,也揭示了海洋在全球范围内进行远距离热量输送的方式,从而让我们更好地理解海洋如何调节地球气候。这个模型还帮助学者们解释了一些古气候记录中的疑难问题,并对碳循环以及海洋化学的研究产生了深远影响。

华莱士·布勒克还向公众展示了如果全球的"海水传送带"因全球变暖而减弱或停止运行会带来的严重后果,这个假设引起了广泛的关注和热议,甚至在夸张化以后,成为科幻电影《后天》的理论基础之一。因此,布勒克被誉为第一个让公众了解"全球变暖"问题的科学家。

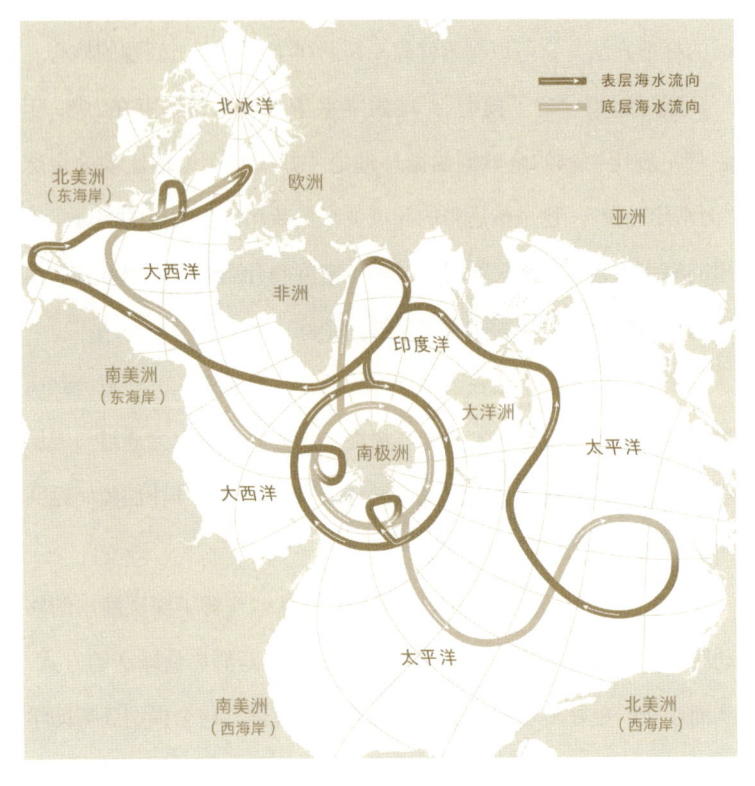

• 全球海水温盐循环("海水传送带")示意图(本图所用的投影名称为Spilhaus)

17. 气候变化的推手

· 米兰科维奇旋回 ·

是叛国者吗？

1914 年 6 月 28 日，枪声响彻萨拉热窝的街头，奥匈帝国的储君斐迪南大公及其夫人双双遇刺身亡，凶手是塞尔维亚族青年普林西普。不久后，奥匈帝国向塞尔维亚宣战，标志着第一次世界大战的爆发。

就在萨拉热窝事件两周前的 6 月 14 日，任职于塞尔维亚贝尔格莱德大学的科学家米卢丁·米兰科维奇刚刚举行完婚礼，正在进行蜜月之旅，享受难得的假期。此次旅行的目的地是其新婚妻子的老家匈牙利——当时是奥匈帝国的一部分。战争一爆发，奥匈帝国当局旋即逮捕了米兰科维奇，把他关进了一座监狱里。这位杰出的科学家就这样稀里糊涂地成为第一次世界大战最早的战俘之一。

实际上，米兰科维奇早就在奥匈帝国的重点关注名单上，因为对于奥匈帝国来说，他是个能力出众的"叛徒"。

米兰科维奇的家乡在巴尔干半岛，那里素有"欧洲火药桶"之称，历史上频繁的战争和复杂的民族关系，让当地的国界线变来变去。如果按现在的国界线，米兰科维奇的出生地在克罗地亚境内，当年属于奥匈帝国。可是在主观上，米兰科维奇认同自己是塞尔维亚人，塞尔维亚才是他心中的真正祖国。

米兰科维奇在奥匈帝国首都的维也纳工业大学完成了大学学业，专业是土木工程。毕业之后，他先去军队服役了一年，然后又在一家建筑公司当工程师，主要负责设计桥梁和房屋。因为出色的业务能力，他被公司当作重点培养的人才，到后来，每当公司接到大订单，都优先考虑让米兰科维奇来执行。随着时间的推移，米兰科维奇逐渐在行业内积累了很高的声誉，甚至连著名的克虏伯兵工厂都邀请他去设计厂房。

如果事情就这么发展下去，米兰科维奇或许会以土木工程师的角色度过一生。但是，历史的车轮滚滚向前，时代的潮流会影响到每一个人的生活。

1908年，奥匈帝国吞并了塞尔维亚的邻国波黑。这次军事行动后，塞尔维亚和奥匈帝国之间的关系变得非常紧张。米兰科维奇一直对外宣称自己是塞尔维亚人，所以他在奥匈帝国的日子越来越不好过。作为既有实力又有军事背景的工程师，他的一言一行都逃不过奥匈帝国的监视，严重的时候甚至几乎被软禁。

米兰科维奇忧心忡忡,觉得自己处处受限,无法顺利地开展工作。1909年,他逃离了奥匈帝国,前往塞尔维亚并入职贝尔格莱德大学。虽然奥匈帝国视他为叛徒,但他自己认为这并不是背叛,而是回归真正的祖国。

• 米卢丁·米兰科维奇

在贝尔格莱德大学,米兰科维奇结识了卓越的俄罗斯气候学家弗拉迪米尔·柯本以及他的女婿、因大陆漂移理论而名垂青史的魏格纳。当时,魏格纳的主要研究焦点在于极地气候。受柯本和魏格纳的影响,米兰科维奇决定涉足气候领域,开始探索古气候的变迁。

冰川与日照量

柯本和魏格纳得知米兰科维奇开始研究古气候,深感欣慰,并且主动提供帮助,这使得米兰科维奇如虎添翼,研究工作进展得十分顺利。有了柯本和魏格纳的大力支持,在古气候领域从零开始的米兰科维奇很快就取得了显著的成果。不久之后,他提出了一项重要假设:在夏季的高纬度地区,陆地上的日照量将决定冰川面积的大小。

他的推理过程是这样的：日照量控制着温度的高低，如果高纬度地区的夏季日照量减少，那么冰川在夏季的自然融化量也会随之减少。在正常情况下，冰川的夏季融化量和冬季生长量相互抵消，从而保持稳定和平衡的状态。然而，如果夏季的融化量减少，那么久而久之，冰川面积就会进入净增长的状态。

20世纪初期，人们已经接受了所谓的"冰河时代"的理论。地质学家们都知道，在2万年前，北美洲、南美洲和欧洲北部的广大区域都被厚厚的冰盖覆盖，那个时代被称为"末次冰盛期"，即冰川最后一次扩张到最大范围的时期。这也意味着，在更早的时候，这些大型冰盖曾反反复复地生长和消退过很多回。这些冰川周期性生长的阶段被称为"冰期"，它们一起组成了"第四纪大冰期"——这场大冰期开始于200多万年前，是地球历史上五次大冰期[1]中最近的一次。

实际上，严格说来，我们目前仍然处于第四纪大冰期内，因为南北两极还存在永久性冰层，这是大冰期并未结束的标志之一。然而，与2万年前的末次冰盛期相比，目前的大型冰盖只能蜷缩在南极大陆和格陵兰岛上。这种情况在第四纪大冰期之内已经发生过不止一次，被称为"间冰期"。如果不是人类活动引起的全球变暖，

---

1. 地球历史上有五次大冰期，依次是：休伦大冰期、成冰纪大冰期（雪球地球事件）、安第斯-撒哈拉大冰期、卡鲁大冰期和第四纪大冰期。每一次大冰期由若干个冰期和间冰期组成。大冰期又称为冰河期或冰室期，两次大冰期之间的温暖时期被称为温室期，此时南北两极没有永久性冰层。

它们早晚会等到下一次反扑的机会，直到整个"大冰期"结束。

米兰科维奇提出日照量影响冰川生长的假设，旨在寻找一个合理的模型，以揭示冰期期间冰川疯狂生长的原因。他认为，在冰川扩张的冰期，地球接收到的太阳辐射量不如现在多，并且至少在最近的几十万年里，日照量每隔某个周期就会迎来一次低谷，因此才会出现冰川反复扩张的现象。

那么，是什么导致日照量的变化呢？米兰科维奇认为，是由地球自转轴的状态和公转轨道的周期性变化引起的。实际上，这并非米兰科维奇的原创理论，早在19世纪，科学家们就已经意识到，地球的自转轴指向和公转轨道的形状并不是一成不变的，它们会发生周期性的改变。

地球的轨道变化

第一个对这个问题进行探讨的是英国天文学家约翰·赫歇尔。赫歇尔的父亲是天王星的发现者，他本人则是一位杰出的早期摄影工程师，曾发明了古典摄影工艺蓝晒法，并创造了摄影、负片等名词。除了摄影之外，他还对天文学与地球气候变化之间的关系有着浓厚的兴趣。

19世纪中期，阿加西提出的冰河时代概念在欧洲引发了广泛的讨论。大家基本上接受了这个理论，但没有人能够解释冰川几度生长的原因。赫歇尔率先提出一个假设：冰河时代的出现与地球自转轴的"进动"现象有关。进动是指地球自转轴在宇宙空间中发生的周期性摆动。你可以想象一下转动的陀螺，当陀螺开始减速时，它会变得不稳定，旋转的轴线会发生圆周式的摆动——这就是进动现象。

地球的自转轴同样呈现出类似的运动。若我们将时间线拉长，并沿着地球的自转轴仰望星空，会发现这个假想的自转轴在天空中描绘出一个圆形的轨迹。目前，地球自转轴的北端正指向北极星，然而在过去，它曾指向天琴座的阿尔法星，即我们常说的织女星。未来，它还会再次指向织女星。

地球的进动导致了岁差现象的出现。也就是说，随着地球自转轴在空间中的摆动，地球上各季节到来的时间，以及季节之间温度变化的幅度，都会随之发生变化。例如，当前北半球的全年日照量变化幅度要大于南半球，然而随着岁差现象的推进，未来某一天这种情况可能会发生逆转。这种变化和地球表面的海陆分布相结合，会对全球气候产生显著的影响。当然，与人类的寿命相比，这是一个极其漫长的过程。

到了19世纪末，另一个英国地质学家詹姆斯·科罗尔对赫歇尔的理论提出了重要的补充。科罗尔的履历非常励志，他早年辍学，曾先后当过木匠、小商贩和保险推销员，后来在苏格兰的安德森大学附属博物馆打杂。借由大学雇员的身份，他每天下班都去图书馆免费看书，自学天文学、地质学和气候学的知识。在阅读了赫歇尔的理论后，科罗尔写了一篇论文，他提出，地球轨道的偏心率以及自转轴的倾斜度这两个变量也会影响地球的气候，很可能是导致冰川生长的"元凶"。

通俗地讲，轨道偏心率是在描述地球公转轨道与正圆形之间的差异程度。由于太阳系其他行星的引力作用，地球的轨道无法保持正圆状态，而是呈椭圆状，并且这个椭圆的扁平程度也在不断地发生周期性变化。当地球轨道接近于正圆时，地球在一年内接收的太阳辐射量相对均衡；当轨道的椭圆达到最扁状态时，地球会出现明显的近日点和远日点，这会导致地球在一年内接收的日照量出现较大的变化。

自转轴的倾斜度则很好理解，它是指地球自转轴与黄道面（公转轨道所在的平面）之间的夹角，这个夹角在 22.1°到 24.5°之间波动。倾斜度的大小会直接影响地球南北回归线以及南北极圈的位置，从而改变热带、温带和寒带的面积大小。当自转轴的倾斜角度更大时，季节变化会变得更加明显。

科罗尔的论文在学术界引起了轰动，许多同行根本不敢相信，这样一个没有接受过系统培训的人，竟然能无师自通，提出如此复杂而深刻的推论。英国地质调查局的负责人更是批评了安德森大学的校长，认为他的失职差点埋没了一个天才，并在调查局内为科罗尔安排了一个新的职位。

然而，地球轨道的计算和推演是一项极其艰巨的任务，在计算机出现之前，很少有人能够胜任这样的课题。虽然赫歇尔和科罗尔已经找到了正确的方向，但他们没能更进一步，从最根本的数学角度去验证自己的猜想。一些相关的问题也没有得到更好的解决，比如这三个参数的变化周期具体有多长，以及三者中到底哪个因素对气候的影响最明显。

历史的机缘巧合让这项光荣而艰巨的任务落到了监狱中的米兰科维奇身上。

监狱中的细致推算

在战争爆发之前，米兰科维奇正专注于分析北半球的日照变化对冰川规模的影响。然而，一段"不合时宜"的蜜月之旅以及突如其来的世界大战彻底打乱了他的研究计划。

在匈牙利的监狱中，米兰科维奇失去了实地考察的机会，也失去了所有的研究设备和参考书。除了铅笔和草稿纸，他一无所有。对于普通的学者来说，这样的条件几乎无法开展任何研究。然而，米兰科维奇并非等闲之辈。他曾是一名杰出的土木工程专家，数学计算是他的强项。毕竟，如果数学功底不扎实，盖起的房屋是要倒塌的。而对于擅长数学的人来说，铅笔和草稿纸已经提供了足够的工作条件。

既来之则安之，米兰科维奇决定接受现实，将研究方法改为数学上的理论计算。他开始推算地球轨道的具体参数。他的数学水平的确超凡脱俗，仅凭铅笔和草稿纸就完成了大部分的演算工作，可谓历史上科学成就最高的战俘。后来，因为他的新婚妻子及几位好

偏心率周期　　　　　　倾斜角周期　　　　　　进动周期（岁差）

● 米兰科维奇旋回三大周期示意图

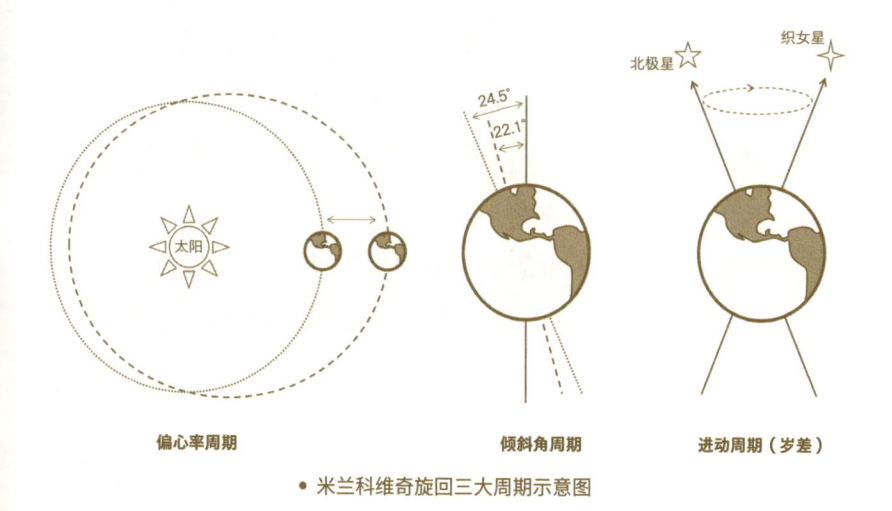

友贿赂了奥匈帝国的官员，他得以被释放，改为被软禁在布达佩斯。直到奥匈帝国战败解体，他才得以返回塞尔维亚。

在重返学校之后，米兰科维奇又花了将近 20 年的时间，持续精进并验算了相关的计算细节。根据他的计算，地球轨道偏心率的变化周期大约是 10 万年，进动周期大约是 2.6 万年，而倾斜角的变化周期为 4.1 万年左右。随后，他将所有的推算结果汇总，撰写了《地球的日照和冰川期问题》这本书。

然而，与米兰科维奇跌宕起伏的人生经历相似，这部浸透了他心血的著作也历经磨难、命运多舛。当这本书即将付梓之际，战争再度袭来——第二次世界大战把塞尔维亚再度卷入战火。1941 年，德国进攻塞尔维亚，贝尔格莱德的印刷厂在两军交火中化为一片废墟，米兰科维奇的书稿也随着熊熊烈火化为灰烬。

印刷厂的毁灭让米兰科维奇倒吸一口凉气，幸运的是，他曾将备份书稿寄给了一位朋友，这本书从而得以幸存。后来，德军得知此事后，派遣了一批专家去寻找这位朋友，并翻阅了这部书稿。这批专家中，还包括一位赫赫有名的人物——当时为德国效力的火箭工程师冯·布劳恩，也就是后来美国阿波罗登月计划的主要负责人。

德军之所以让火箭专家去翻阅书稿，是因为这本书里包含许多关于地球轨道的推演过程。纳粹高层对这些推算特别感兴趣，因为他们当时正在研发新型武器——导弹。战争后期，以冯·布劳恩为首的一群德国工程师研制出了V-2火箭，它被军事专家们视为导弹的雏形。而根据某些野史记录，V-2火箭的设计很可能受到了这部书稿中某些公式的启发。也就是说，在导弹设计史上，米兰科维奇很可能也有一份不为人知的贡献。

随着第二次世界大战的结束，米兰科维奇的书终于得以印刷出版。他在书中指出地球的进动、偏心率及倾斜角的周期性变化都会对地球的气候产生影响。这些影响因素并非各自独立，而是相互叠加或抵消。在它们的共同作用下，地球接收到的太阳辐射会出现周期性的高峰和低谷，从而导致气候的变化，尤其是冰期和间冰期的循环。

自此以后，这三个周期性变化参数被合称为"米兰科维奇旋回"。20世纪中后期，随着海洋科学、行星科学、地质年代学和同位素地球化学等相关学科的快速发展，人们已经为米兰科维奇旋回找到了越来越多的证据支持。现代科学家们已经普遍认为，米兰科维奇旋回的三个参数正是地球气候变化的重要幕后推手。

18. 地球的体温计

来自意大利的留学生

1955 年,米兰科维奇从贝尔格莱德大学退休。在人生的最后几年里,他不再热衷于研究旋回理论,而是转而研究科学技术史——尤其是他的老本行土木工程的发展史。

他之所以放弃了继续深挖旋回理论,主要是因为当时的地质学家对冰期的详细历史了解得还不够充分,这让他无法将理论推算与地质记录进行交叉比对,从而很难证实旋回周期是否真的引发了冰期和间冰期的循环。

当时,地质学家只能根据陆地上的冰川遗迹来推测冰期的历史周期。然而,冰川在贴着地面扩张的时候,会破坏沿途的岩石,这也意味着它会破坏上一个冰川周期留下的地质痕迹。因此,陆地上的冰川痕迹是支离破碎的,只能用来对冰期历史做一点大致的推

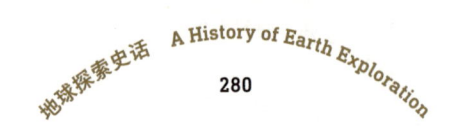

测，而无法用来确定详细的冰期时间表。不过，这一现状很快就要迎来改变。随着海洋科考的进行，人们发现，绘制冰期时间表的最佳工具并不在陆地上，而是在大海里。

在这件事上，做出了关键贡献的人是来自意大利的切萨雷·埃米利亚尼。埃米利亚尼出生在意大利的博洛尼亚，并且在家乡的博洛尼亚大学获得了地质学博士学位。据当时的人回忆，埃米利亚尼最大的特征是说话语速极快、嗓门极大，而且有浓厚的博洛尼亚口音，让人过耳不忘。

从博洛尼亚大学毕业后，埃米利亚尼本想继续从事理论研究，但那时是1945年，意大利刚刚在第二次世界大战中遭到重创，国家百废待兴，没有多余的经费提供给纯理论的科研项目。于是他退而求其次，加入了总部在佛罗伦萨的意大利国家石油天然气公司，担任油气田项目的研究员，做一些产学研结合的课题。

在公司里，埃米利亚尼表现十分出色，短短两年间便取得了丰硕的成果。他发表了一系列论文，总结了博洛尼亚附近白垩纪地质剖面中的古代海洋微生物化石分类。这些具有代表性的研究成果迅速引起了广泛的关注。1948年，美国芝加哥大学向埃米利亚尼提供了一笔丰厚的奖学金，邀请他继续深造。对于一直渴望继续从事理论研究的埃米利亚尼来说，这是一个不可错过的机会。他欣然前往芝加哥大学，在那里获得了他的第二个博士学位。

当埃米利亚尼在芝加哥大学攻读第二个博士学位的时候，哥伦比亚大学的毛里斯·厄文（即反对海底扩张论并开除了玛丽·撒普的那位海洋地质学家）和他的团队正在研究一个前沿课题——海洋沉积物中的有孔虫。

有孔虫并非特定的某一种生物，而是一大类单细胞动物的泛称，它们的共同特征是外壳上布满了密密麻麻的小孔，故而得名。有孔虫广泛分布在海洋中，其中有些已经灭绝，只在海底沉积物里留下了密布着小孔的外壳化石，也有的现今依然活跃在海洋中。这些不同种类的有孔虫对海水温度有着各自的偏好，因此它们为科学家们开启了一扇全新的研究之门：通过研究海底沉积物中有孔虫化石的种类变化，来揭示海水的温度变化历史。

1947年，瑞典科学家比约尔·库伦伯格发明了一种活塞式的泥芯提取装置，利用这种装置，考察船从世界各地的海盆中成功获取了上百段长度可观的海底泥芯。这些珍贵的泥芯样本被转交给了哥伦比亚大学的厄文团队，因为他们是当年全球最具声望的海洋地质学团队。

厄文的团队从这些泥芯中，挑选出八段来自大西洋的样本进行了深入分析。在这八段泥芯中，他们均发现了同样一个现象：在不同的泥芯深度，有孔虫化石的种类发生了明显的变化，而且这些变化都与水温相关。这表明，在大西洋的历史长河中，海水曾经历过冷暖交替的变化。

厄文团队的新发现，启发了芝加哥大学费米研究所的负责人哈罗德·尤里，这位诺贝尔化学奖得主也对有孔虫产生了兴趣，于是他开始招揽人才，协助他研究有孔虫。然而在那个年代，有孔虫这

● 德国生物学家、画家恩斯特·海克尔绘制的有孔虫放大图

个领域实在是太前沿了,甚至大多数地质学博士根本就没听说过有孔虫这个词。

尤里寻觅了许久都无果,后来他终于意识到,整个芝加哥大学除了他自己以外,恐怕只有一个人了解有孔虫,那就是从意大利来的留学生埃米利亚尼。原来,当年在博洛尼亚大学攻读第一个博士学位的时候,埃米利亚尼的研究方向正好是海洋微生物化石,其中就包括有孔虫。

同位素分馏

就这样,埃米利亚尼被尤里招入麾下,开始研究有孔虫。和厄文团队相比,尤里和埃米利亚尼的侧重点完全不同——他们并不关心有孔虫的具体种类,而是重点关注这些微生物化石中的氧同位素含量。

研究同位素是尤里的"拿手好戏"。他之所以获得诺贝尔化学奖,就是因为曾经发现了氢的同位素氘。除了研究氢的同位素以外,尤里也研究氧的同位素,并且提出了一个新的概念——同位素分馏。

同位素分馏其实并不难理解。通俗地说,氧元素存在两种常见的天然同位素:^{16}O和^{18}O,它们的化学性质基本相同,但^{18}O的质量大于^{16}O。海水分子包含氧原子,其中有些是^{16}O,有些是^{18}O。在蒸发过程中,质量较轻的^{16}O更容易脱离海面进入大气,因为较轻的物质在"起飞"时所需的能量更少。较重的^{18}O即使已经升空,也更容易"摔"回地面。经过长时间的累积,大气中的^{16}O丰度略

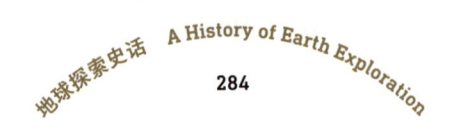

高于海水，而海水中的 ^{18}O 丰度略高于大气，也就是说，大气中的水分子比海水中的水分子轻。

最初，尤里并未将同位素分馏与气候变化联系起来。1946 年，尤里在瑞士苏黎世联邦理工学院举办了一场讲座，向这所欧洲知名学府的师生介绍了当时最新颖的同位素分馏概念。讲座结束后，德高望重的矿物学老教授保罗·尼格利向尤里提出了一个问题："既然大气中的水分子比海水中的水分子轻，就意味着陆地上雨水中的水分子比海水中的水分子轻，那么我们是否可以通过分析碳酸岩中的同位素，来区分它们究竟是形成于海洋里，还是形成于陆地呢？"

这是个价值千金的问题，它虽然和气候没有直接关系，但把尤里最擅长的同位素分馏和地球科学领域给连接了起来。这个问题引发了尤里的深思，在瑞士的那几天，他想明白了很多事情。回到芝加哥大学后，尤里兴奋地对周围的同事们说："我有了一个世纪大发现，氧同位素其实就是地球的体温计！"

尤里说得一点都没错。当气温下降时，海水吸收的热能减少，导致体重较大的 ^{18}O 更加难以"起飞"，大量的 ^{18}O 留在了海洋里。同时，低温导致大气中富含 ^{16}O 的水分子随着降水落回地表，并被困在两极或高山上的冰川中。这一增一减，使得寒冷期大海里的 ^{18}O 丰度比温暖期更高。

当厄文关于泥芯中有孔虫的研究成果传到尤里耳中时，他立刻联想到了同位素分馏现象，并在脑海中构建出了一个全新的研究领域：利用有孔虫化石中的氧同位素重现地球温度的变化历史。尤里

意识到，尽管厄文团队通过识别有孔虫的种类变化，成功区分了不同时期的海水温度，但这种定性研究缺乏精确性，只能揭示大致的趋势，却会忽略许多细微的变化。如果引入氧同位素，定性研究便转化为定量研究，研究成果的说服力将大幅提高。

尤里的构想基于这样一个理论基础：当海洋中的有孔虫利用海水中的氧元素构建外壳时，它们便在外壳内留下了与当时海水相同的氧同位素比例。这意味着，这些化石记录了海水同位素变化的历史，通过提取氧同位素信息，我们就能复原出过去的水温变化。

气候变化的"代理人"

正是在这样的背景下，尤里力邀埃米利亚尼加入他的团队，专职负责这个全新的研究课题。不久后，埃米利亚尼就验证了这一研究思路的可行性，并精心设计了具体的操作流程。

在洛杉矶附近的海域，埃米利亚尼收集了一批现代贝壳标本，又搜寻来一些已有2万年历史的贝壳化石。他借助质谱仪，精确测量了这些贝壳中 ^{18}O 与 ^{16}O 的含量之比。实验结果正如尤里所预期：2万年前的贝壳中，^{18}O 的相对丰度明显高于现代贝壳。

当时，学者们已通过对陆地上的冰碛物进行 ^{14}C 测年，证实了距今2万年前是冰川最后一次大规模扩张的寒冷时代。因此，埃米利亚尼的实验证实了一件事：^{18}O 的相对丰度的确和地球过去的气温变化相关。这一发现为研究古气候变化开辟了新的途径。

在方法论的坚实基础之上，埃米利亚尼展开了正式的研究。他从哥伦比亚大学借来了12段大西洋的泥芯，对其中的有孔虫化石进行了精准的同位素测量。为了便于计算，他首先测量了现代海水中两种氧同位素的含量之比，将其作为标准，然后将有孔虫化石的氧同位素含量与之对比，形成一个名为$\delta^{18}O$的新参数。这个参数虽然并非直接的气候数据，但它始终与海水温度的变化趋势保持一致，就像是气候变化的"代理人"，因此也被称为气候代用指标。

在对大西洋泥芯进行详细测定后，埃米利亚尼发现，不同年代的有孔虫化石呈现出不同的$\delta^{18}O$值，其中有些高于现代海水，有些和现代海水相似，有些则低于现代海水。他将测得的$\delta^{18}O$值绘制成了一条随时间变化的曲线，由此得到了历史上第一幅更新世海水温度的复原图。

我们可以从这条曲线中清晰地看到，$\delta^{18}O$值的变化呈阶段性分布，每一个升温或降温被称为一个"海洋同位素阶段"。埃米利亚尼的曲线揭示出，在过去的70万年里，地球经历了至少13次明显的升温或降温，这与米兰科维奇的推算结果基本一致。

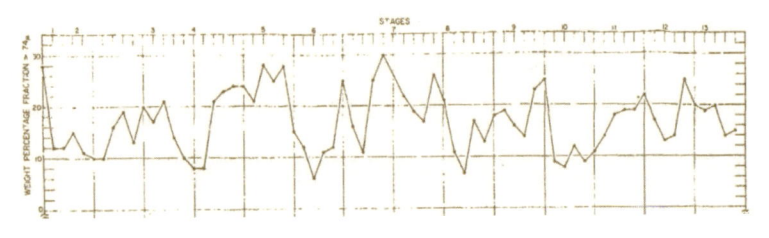

- 埃米利亚尼发表于1955年的$\delta^{18}O$值曲线图，横轴为时间，纵轴为$\delta^{18}O$值

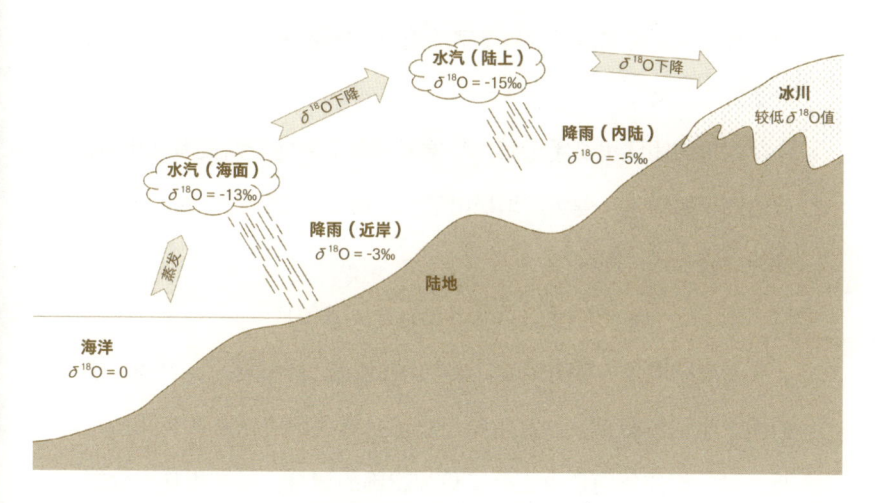

[图示:氧的同位素分馏,标注包括:水汽(陆上) $\delta^{18}O = -15‰$;水汽(海面) $\delta^{18}O = -13‰$;降雨(近岸) $\delta^{18}O = -3‰$;降雨(内陆) $\delta^{18}O = -5‰$;冰川 较低 $\delta^{18}O$ 值;海洋 $\delta^{18}O = 0$;$\delta^{18}O$ 下降;蒸发;陆地]

- 氧的同位素分馏及 $\delta^{18}O$ 值变化示意图

重建海水的温度

就在米兰科维奇宣布退休的1955年,埃米利亚尼发表了一篇名为《更新世温度》的论文,在其中公布了 $\delta^{18}O$ 曲线。这篇论文引起了整个科学界的轰动,不仅地质学家和气候学家给予了高度评价,还有许多其他自然科学领域的学者也对其称赞不已,甚至有些人类学、历史学和考古学的学者都在自己的最新研究中参考、引用他的结论。

虽然现在看来,埃米利亚尼的论文在某些细节推论上存在一些小错误,这些错误在后来的研究中被其他学者指出并更正,但是,这些瑕疵并不影响这篇论文的整体价值。这是一篇极其伟大的论

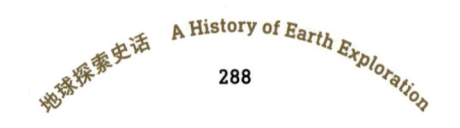

文，被另一位著名海洋气候学家沃夫冈·博格尔誉为"古气候领域最重要的论文"。

尤里的团队里高手云集，当埃米利亚尼专注于研究有孔虫时，他的同事塞缪尔·爱泼斯坦提出了一项根据$\delta^{18}O$来估算海水具体温度的经验公式，即

$$T \approx 16.5 - 4.3(\delta^{18}O) + 0.14(\delta^{18}O)^2$$

爱泼斯坦公式影响深远，至今仍在使用。十几年后，剑桥大学的博士生尼古拉斯·沙克尔顿汇总了全球各地的泥芯和有孔虫化石，对它们的氧同位素进行了更加精确的测量，并利用这个公式计算出了它们所对应的海洋温度，从而得到了一条分辨率更高的海洋温度变化曲线。沙克尔顿利用这条曲线系统地还原了全球气候变化的历史，他还以此为基础评估了全球冰量的变化历史，并获得了非凡的成就，后来成为享誉世界的古气候学家。加州大学圣克鲁兹分校的詹姆斯·扎科斯也用深海氧同位素还原出一条新生代的详细气温曲线，为当前全球面临的气候变化问题寻求历史参考和解决方案。

1957年，埃米利亚尼决定自立门户。他觉得，芝加哥大学这个深居内陆的院校并非研究海洋的理想之地，若要深入探索海洋的奥秘，就必须前往海边。于是，他选择了迈阿密大学——这所大学的海洋科学研究所坐落在一座小岛上，与大海仅咫尺之遥。

在这个充满海洋气息的校园里，埃米利亚尼创建了一个专注于海洋同位素地质学研究的实验室，继续利用同位素技术深入探索冰

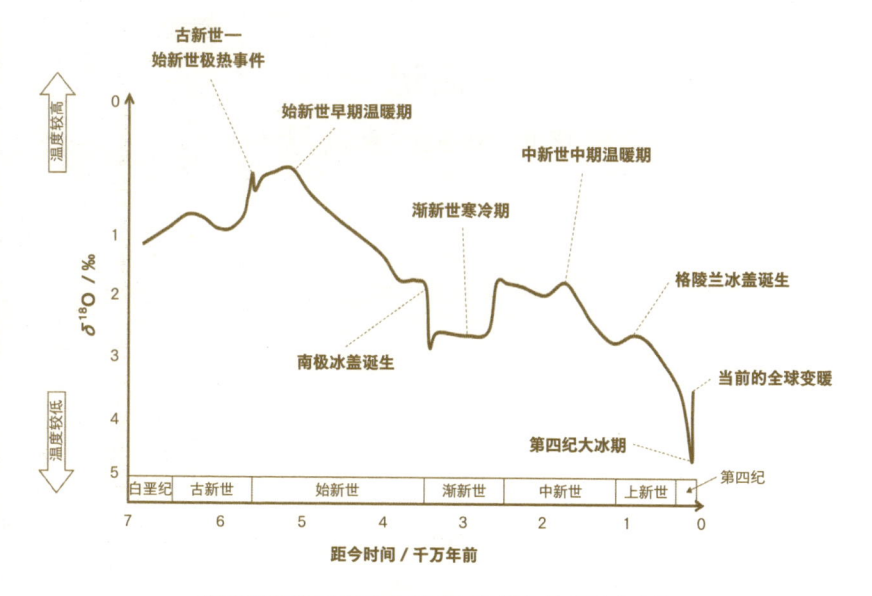

科学新边疆：破解大气和海洋的密码

• 扎科斯根据氧同位素还原出的新生代地球气温变化曲线

期的气候变化。为了采集珍贵的海底岩芯样本，他租用了历史上第一艘远洋钻探船——"萨马雷科斯"号（"海底霸王"号）。凭借当时最先进的钻探技术，他成功获取了海底岩芯样本。

与泥芯相比，岩芯覆盖的时间跨度更长，能为我们揭示历史更久远的气候变迁。在埃米利亚尼的影响下，世界多国联合成立了深海采样合作机构，并由此启动了国际大洋钻探计划。这项计划虽然数次更名，但一直持续至今，采集了无数珍贵的海底岩芯样本，为古气候学、海洋学乃至大地构造学等领域的研究做出了巨大的贡献。

后记

地球的故事，未完待续

从对自然资源的搜寻到对地震火山的探索，从揭秘生命的演化到重建过去的海陆分布图，从测量地球的年龄到掌握气候变化的规律，我们已经回顾了地球科学发展史的诸多精彩瞬间。地球科学一直处于发展之中，旧的理论陨落，新的理论诞生，无论结果如何，探索的精神始终弥足珍贵。在这本书的最后，让我来讲一个最新的故事。

新兴城市奥斯汀坐落在美国南方的得克萨斯州，那里地处亚热带，夏季炎热而漫长，让每个体验过它的人都难以忘怀。

对于得克萨斯大学奥斯汀分校的地质学教授林顿·兰德来说，1998 年的夏季让他更加难忘。暑假来临前，他送走了最后一批学生，然后自己也将离开那间工作了 30 多年的实验室——他要退休了。

回顾自己的职业生涯，兰德肯定充满了自豪。在过去的 30 年里，他发表了 130 多篇论文，培养了 20 多位优秀的硕士和博士，而且从 1988 年起，他还被任命为得克萨斯大学杰克逊地质学院的讲席教授。兰德的主要研究方向是墨西哥湾沉积盆地的形成过程，那里是个产油区，对于石油行业来说，他的研究成果价值非凡，这让他成为知名的一流学者。

1998 年夏天，他收拾好了自己的实验室，那一摞摞论文、笔记和文件，都是他过去 30 年辛勤付出的成果。此时的兰德肯定已经向往起退休生活了，他准备前往弗吉尼亚州，那里气候宜人，每天都可以去海滨垂钓——这是他最喜欢的业余活动。

兰德的目光扫过逐渐清空的实验室，最后落在了一张与众不同的桌子上。

这张桌子不是普通的桌子，它有自己的名字——振动台[1]。在旁人看来，兰德的职业生涯引人瞩目，堪称完美，但兰德自己清楚，作为地质学家，他有一个不小的遗憾，而这个遗憾就隐藏在这个振动台中。

良久，兰德的思绪回到了 32 年前，那时他还是一个充满活力的年轻人。

---

1. 振动台是实验室中一种常见的设备，被广泛应用于采矿和环保领域的科学研究里。振动台的台面是一个矩形托盘，其上方可以放置容纳液体的水槽或烧瓶；托盘下连着一个振荡器，随着振荡器的来回振荡，水槽或烧瓶里的液体就会被不停地搅拌。

兰德的祖辈生活在弗吉尼亚州，他自己则出生在马里兰州的港口巴尔的摩，本科和硕士都就读于巴尔的摩的约翰·霍普金斯大学。在学校里，兰德幸运地遇到了一位名师——古生物学家戴维·劳普。

劳普把自己职业生涯的大部分时间都献给了芝加哥大学，他在约翰·霍普金斯大学任教的时间并不长，但就是在那一小段时间里，兰德这位学生给他留下了深刻印象。劳普尤其看重兰德对地球科学持有的那种似乎持久不衰的热情，这是他从众多学生里辨别出可造之才的基本条件。在课堂以外，劳普经常给兰德"开小灶"，引导他进行更多的思考。虽然劳普的强项在古生物学，但他敏锐地发觉，兰德似乎对海洋沉积物最感兴趣。

于是在兰德硕士毕业的时候，劳普一纸推荐信，把兰德推荐给了自己的好友——在宾夕法尼亚州利哈伊大学任教的凯斯·谢夫，一位海洋沉积物领域的著名学者。就这样，兰德北上宾夕法尼亚州，在谢夫那里攻读博士。

在众多海洋沉积物中，谢夫最擅长分析珊瑚礁的遗迹。珊瑚礁是石珊瑚目动物的遗骸堆积而成的一种礁石，它主要由碳酸岩组成——也就是说，珊瑚礁富含碳酸盐类矿物。在研究珊瑚礁的过程中，谢夫积累了大量有关碳酸岩的知识，对各种碳酸盐类矿物更是了然于胸、如数家珍。在谢夫的影响下，兰德也对碳酸盐类矿物产生了浓厚的兴趣。

1966 年，兰德以优异的成绩从利哈伊大学毕业。随后，他前往洛杉矶，在加州理工学院找了一份博士后的工作，继续从事碳酸盐类矿物的研究。在饱读文献后，兰德被一个有趣的问题所吸引了，这个问题便是地质学界著名的世纪难题——"白云石谜题"。

在海洋沉积物里，有一种常见的碳酸盐类矿物，叫作白云石。根据一些史料的模糊记载，最早发现白云石的人有可能是瑞典科学院的创始人林奈，不过他的主攻方向是生物分类学，并未留下太多关于白云石确切的记录和证据。公认的第一个对白云石做出系统性描述和考察的人，是18世纪法国地质学家多洛米厄。在进行和碳酸盐类矿物相关的野外地质调研时，多洛米厄在阿尔卑斯山上发现了一种没有被详细描述过的新矿物，也就是我们今天所说的白云石。

多洛米厄很快就意识到了白云石的与众不同。如何不同呢？碳酸盐类矿物中最常见的种类是方解石，它是石灰岩的重要组成部分，这种矿物遇到稀盐酸会立刻发生剧烈的化学反应，释放出二氧化碳，形成很多气泡。然而，多洛米厄发现的白云石矿物虽然同属于碳酸盐类，却不如方解石那么活跃，遇到稀盐酸只会发生很缓慢的化学反应。通常来说，除非事先被碾成粉末，否则完整的白云石被淋上稀盐酸时，并不会产生明显的气泡——这是与方解石之间最直观的区别。

1791年，多洛米厄发表了一篇论文，详细描述了他在阿尔卑斯山上发现的这种新矿石。第二年，多洛米厄的朋友、因研究光合作用而闻名的化学家索绪尔公开提议，将这种矿物命名为"多洛米石"(dolomite)，显然这是为了纪念多洛米厄的发现。在中文里，这种矿物没有被直接音译命名，而是获得了描述性的名字，它的晶体有洁白的外貌，看上去就像天空中飘过的云朵一样，因此被称为"白云石"。

自从被多洛米厄正式发现以来，各国的科学家们陆续在世界各地找到了大量的白云石，尤其是在海洋沉积物所在之处到处可见白云石的身影。于是，一个新的问题就摆在了科学家们的面前：白云石在海洋中的形成原理是怎样的？

没想到，这个看似寻常的问题，却让科学家们陷入了困境。

通过特殊手段的实验，科学家们掌握了白云石在高温条件下的形成原理，然而，作为古代海洋沉积物里最常见、分布最广的矿物之一，它总该能在常温下形成吧？问题偏偏就出在这里了，直到今天，全世界的科学家都未能找出白云石在常温下的形成原理！

各国科学家挠破了头皮，尝试了各种实验方法，却统统归于失败。在常温下，白云石只会懒懒地溶解在海水里，根本不会析出矿物晶体。

"白云石谜题"成了地质学界的一桩悬案。

在学术界，初出茅庐、年轻气盛的学者经常喜欢挑战一些世纪难题，当年的兰德也不例外。得知了这个谜题，年轻的兰德跃跃欲试。他觉得，人们之所以找不到白云石在常温下形成的原理，肯定是因为之前的那些科学家们太没有耐心了！那些人，实验持续了几天或几周，最多几个月，便再也沉不住气，草草结束课题，"移情别恋"了。兰德想，或许白云石只不过就是个"慢性子"，只要静下心来多等一等，说不定世纪谜题的答案就在前方呢！

于是，兰德开始了他的实验。

他利用天然碳酸盐和蒸馏水，配制出了碳酸盐1000倍超饱和的溶液，装进一个烧瓶里。为了更好地模拟海洋环境，兰德又在烧杯里加入了一些海洋中常见的其他矿物，以及红藻、浮游动物、章鱼、棘皮动物、有孔虫和海绵的粉末或碎片。烧瓶口覆盖了一种特殊的膜，可以防止溶液蒸发，同时又允许二氧化碳气体的进出，让烧瓶内的环境尽量与海洋一样。

然后，兰德买来了那个振动台，用于搅拌烧瓶里的溶液，并且通过恒温系统让烧瓶里的溶液温度保持在25℃——这都是沉积物结晶实验的常规手段，但不一样的是，兰德下定决心要把这项实验长期运行下去。

毕竟那时候他才30多岁，对于科学家来说还很年轻。他梦想着，总有一天会看到水槽里有白云石的晶体析出，那时候，他就能解开这个困扰人们很久的谜题了。

兰德在加州理工学院当了两年的博士后研究员，在这期间，白云石的实验一直都在持续。聘期结束后，兰德在得克萨斯大学奥斯汀分校找到了助理教授的新职位。他告别了洛杉矶，把振动台连同溶液和水槽一路带到了奥斯汀。

随后，兰德在得克萨斯开启了令人羡慕的职业生涯。1972年，他升职为副教授，并拿到了终身教职；1978年，他荣升正教授；

1988年,他又当上了讲席教授,成了地质学的权威专家,功成名就。

虽然兰德主要从事墨西哥湾沉积盆地的研究,但他从来就没忘记那个振动台以及烧瓶里面的白云石溶液。这32年里,除了更换老损部件和电机时的短暂间歇外,振动台几乎就没停歇过。

这份耐心,没有结果。花有再开日,人无再少年,32年过去了,烧瓶里的白云石晶体仍旧不见踪影。当年那位年轻气盛的兰德,如今也早已褪去了锐气,皱纹也爬上了眼角,脸上写满了沧桑。

更重要的是,他该退休了。

1998年,兰德在退休前终于依依不舍地关停了他的振动台。摇晃了32年的溶液逐渐平静了下来,它还是那么透明,丝毫不见白云石晶体的踪迹。他决定亲自给它画上一个句号。虽然这不是理想中的句号,但一定是一个严谨的句号。

兰德把这项持续了32年的实验写成了一篇论文,发表在学术期刊《水体化学》上。在论文的正文部分,兰德用他一贯的严谨,仔细描述了实验的详细过程,并且对实验的失败进行了一些理论层面的推测。不过在论文快结尾的时候,兰德突然来了一段感慨:

"目前,已经有其他学者提出了一种新说法,即常温下白云石的形成方式和微生物有关。我觉得,这个新的想法就像一架载着乐队的花车,只有时间才能证明,这辆花车能否带我们驶向真正的终点,抑或它还是会像以前那样,令人沮丧地翻倒在路旁,只有轮子

还在失落中缓缓地转动。"

不过,也许是觉得这样结尾太过伤感了,兰德在最后又笔锋一转,写道:

"我要感谢得克萨斯大学,因为这些实验浪费的都是学校的电。"

如今,又是20多年过去了,兰德笔下的那辆在1998年还崭新的"花车",现在果然也伤痕累累,遇到了各种各样的阻碍,虽然尚不至于翻倒在路旁,但关于白云石的微生物成因说终究是争议不断。

白云石的常温成因之谜,至今仍然吸引着全球各国新一代的地质学者们。搞清楚白云石的常温成因,有助于我们进一步理解岩石中有机物和无机物的相互作用,取得地球化学理论上的突破,更能帮我们厘清一些有关页岩油形成过程的问题,给能源产业带来新的突破。这项谜题既有科学意义,又有经济价值,谁要是抢到这个头彩,那保证会青史留名,所以它在地质学界拥有类似于哥德巴赫猜想一般的地位。

就在我撰写本书的最后阶段,美国密歇根大学和日本北海道大学的研究团队在《科学》杂志上发表了最新的研究成果,对白云石的成因提出了新的见解。这个团队发现,白云石含有的钙和镁很容易在溶液中四处游走,然后落在错误的位置上,让白云石矿物的晶体产生缺陷,阻碍其正常生长——这就是为什么兰德无法在实验室的环境里获得白云石。但在大自然里,情况就不同了。那些跑错地方的钙和镁并不牢固，很容易被水"冲"走。实验室振动台的晃动过于微弱，但野外周期性的雨水、海流和潮汐拥有足够的力量，可以让钙和镁离开错误的位置，这样白云石就能正常生长了。

在得到计算机模拟结果的支持后，这个团队把微小的白云石晶体放到常温的钙镁溶液里，然后利用电子脉冲，像外科手术一样把跑错地方的钙和镁赶走。很快，他们的白云石晶体增长了大约300层，变大了100纳米。这个增长量仍旧很小，但是进步已经十分明显了，要知道，以前的科学家最多只能让白云石长出5层。看来，太"稳定"的环境并不总是最"适宜生长"的。当然，这种在矿物生长时用外力消除晶体结构缺陷的方法来"培育"白云石，是否真的和自然界大量的白云石形成机理一样，我们还需要更多的研究来验证。但是至少兰德笔下的"花车"又找到了新的行驶方向。

至于兰德，他在退休后回到了祖上居住的美国弗吉尼亚州切萨皮克湾海滨。在那里，他成了当地社区的一位好邻居，作为退休的科学家，他一边帮助当地政府治理地下水污染，一边和当地人一起开了一家牡蛎店，售卖从海湾里捕捞上来的新鲜牡蛎。他还成了海钓领队，让所在的小镇子成了远近知名的海钓佳地……

这便是兰德和白云石的故事，它只不过是地球科学发展史中很小的一部分，而且可以说是失败的一部分。但是兰德很幸运，他用一段略带伤感的文字和最后一句戏谑的致谢，让自己在科学领域的谢幕演出广为人知。在地球科学史上，更多像兰德那样的学者，他们的人生故事早已淹没在了时间长河中，但他们对科学的贡献一起

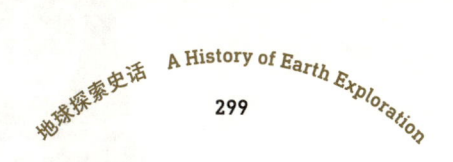

支撑起了我们对地球的认知。

因此,这本书里讲到的故事,远远不是地球科学史的全部。从远古文明对资源的艰苦探寻,到当今社会对地球系统可持续发展的深切关注,地球科学史的每一个篇章,都写满了人类对地球奥秘的无畏探索,字里行间都流淌着人类对自然的敬畏和对地球历史的好奇。恰似那条横亘在视野尽头的地平线,总是遮挡住更遥远的远方,地球总以更多的未解之谜诱人探寻。

地球科学的篇章还将绵延不绝,更多的精彩故事仍属未完待续。

附录 1：地质年代表

元古宙	新元古代	埃迪卡拉纪	6.35 亿年前—5.41 亿年前
		成冰纪	8.5 亿年前—6.35 亿年前
		拉伸纪	10 亿年前—8.5 亿年前
	中元古代	狭带纪	12 亿年前—10 亿年前
		延展纪	14 亿年前—12 亿年前
		盖层纪	16 亿年前—14 亿年前
	古元古代	固结纪	18 亿年前—16 亿年前
		造山纪	20.5 亿年前—18 亿年前
		层侵纪	23 亿年前—20.5 亿年前
		成铁纪	25 亿年前—23 亿年前

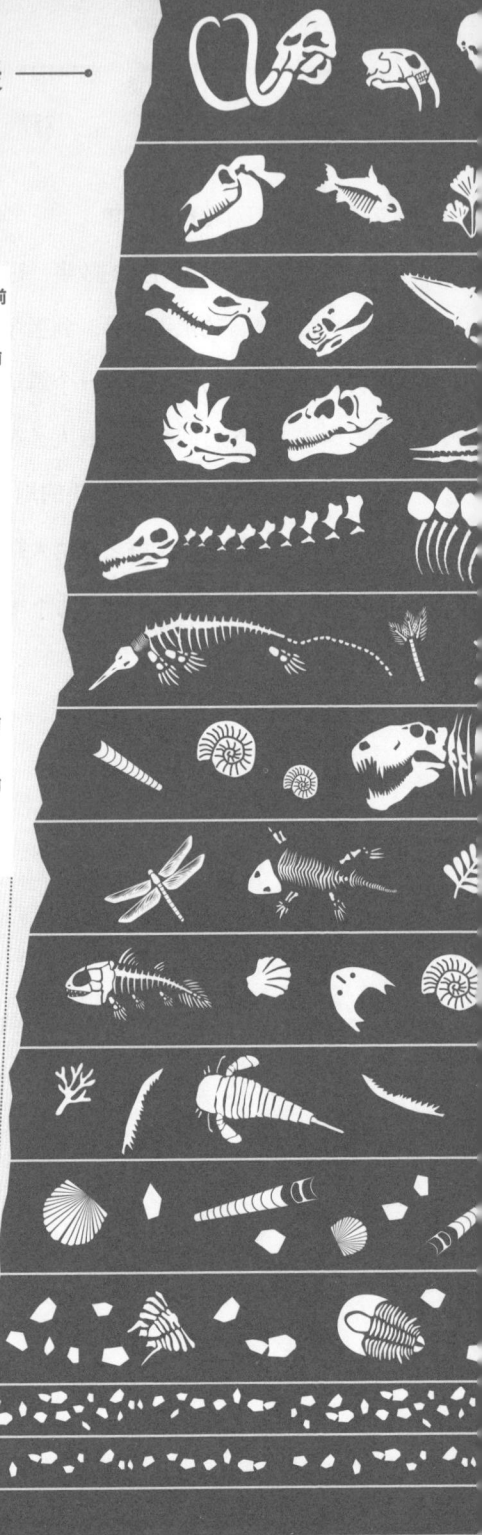

显生宙	新生代	第四纪	全新世	
			更新世	
				258 万年前
		新近纪	上新世	
			中新世	
				2300 万年前
		古近纪	渐新世	
			始新世	
			古新世	
				6600 万年前
	中生代	白垩纪		
				1.45 亿年前
		侏罗纪		
				2.01 亿年前
		三叠纪		
				2.52 亿年前
	古生代	二叠纪		
				2.98 亿年前
		石炭纪	宾夕法尼亚纪	
			密西西比纪	
				3.58 亿年前
		泥盆纪		
				4.19 亿年前
		志留纪		
				4.43 亿年前
		奥陶纪		
				4.85 亿年前
		寒武纪		
				5.41 亿年前
元古宙				
				25 亿年前
太古宙				
				38 亿年前
冥古宙				
				46 亿年前

附录 2：地球科学大事年表

公元前 6000 年	保加利亚的古人开始使用黄金
公元前 4300 年	人类掌握铜矿的开采技术
公元前 1500 年	人类掌握了铁矿的开采和冶炼技术
公元前 400 年	亚里士多德定义了气象学
79 年	老普林尼死于维苏威火山的爆发，其侄子小普林尼详细记录了火山爆发的细节
150 年	克劳迪乌斯·托勒密绘制了世界地图
1030 年	比鲁尼开创了大地测量学
15 世纪	大航海时代开启
1530 年	格奥尔格·阿格里科拉发表《冶金论》，正式开创了矿物学
1600 年	威廉·吉尔伯特发表《论磁石》，被认为是近代科学开端的标志，其中探讨了地磁现象
1669 年	尼古拉斯·斯泰诺总结了沉积学的基本理论——叠覆律
1674 年	皮埃尔·佩罗考察塞纳河并发表《泉水之源》，被认为是水文学的开端
1687 年	牛顿发表《自然哲学的数学原理》，奠定了经典力学
1689 年	冯·瓦尔瓦索提出了"喀斯特地貌"的概念
1701 年	天文学家埃德蒙·哈雷尝试用海水盐度来计算地球年龄
1717 年	危地马拉富埃戈火山喷发，西班牙殖民地政府留下了大量的科学记录，可视为现代火山研究的开端
1735 年	乔治·哈德利对信风进行了系统研究，并提出了全球大气环流的早期理想模型
1740 年左右	安东·莫洛提出了火成论
1755 年	里斯本大地震后，庞巴尔侯爵采集了有关地震的数据，被视为地震学的开端
1759 年	乔瓦尼·阿尔杜伊诺根据意大利的地层分布，把地球历史分为第一纪、第二纪和第三纪，是地质年代表的雏形
1787 年左右	亚伯拉罕·维尔纳提出了水成论
1791 年	德奥达·德·多洛米厄发现了白云岩，引出了白云岩常温成因的世纪难题
1795 年	詹姆斯·赫顿正式发表《地球的理论》，提出了沉积学中的重要定律——切割律，并成为火成论的重要证据
1796 年—1814 年	乔治·居维叶先后研究了乳齿象化石和巴黎盆地的化石，提出了生物大灭绝理论，被认为是古生物学的开端
1799 年	亚历山大·冯·洪堡定义了侏罗纪
1810 年	詹姆斯·雷内尔总结了太平洋和印度洋的洋流分布，开创了海洋学
1813 年	乔治·居维叶提出了灾变论
1819 年	威廉·史密斯提出了化石层序律
1822 年	吉迪恩·曼特尔发现了第一枚恐龙化石——禽龙的牙齿
1824 年	威廉·巴克莱发现了斑龙化石，这是第一种被命名的恐龙
1830 年—1833 年	查尔斯·莱伊尔分三卷发表了《地质学原理》，提出了均变论，从而正式开启了现代地质学，被誉为现代地质学之父
1837 年	路易·阿加西提出了"冰河时代"的设想

1838 年	燃料电池的发明人克里斯蒂安·舍恩拜因提出了地球化学的概念,鼓励人们从化学的角度研究地质学
1841 年	理查德·欧文研究了吉迪恩·曼特尔和威廉·巴克莱发现的几种中生代大型爬行动物化石,将它们归纳为同一个目,并命名为"恐龙"
1846 年	罗伯特·本生研究了冰岛的火成岩,提出通过硅酸盐含量把火成岩分为酸性和基性
1851 年	理查德·欧文设计的恐龙复原模型在伦敦水晶宫展出,引发了第一次"恐龙热"
1854 年	约西亚·惠特尼发表《美国的金属财富》,被视为经济地质学领域的奠基著作
1856 年	威廉·费雷尔描述了中纬度大气环流
1857 年	德国税务律师弗里德里希·阿尔伯特·法卢在业余时间研究土壤,开启了土壤学领域
1857 年—1883 年	詹姆斯·霍尔研究阿巴拉契亚山脉的构造,总结出了地槽说,后被詹姆斯·德怀特·丹纳及爱德华·修斯整理并升级为槽台说
1858 年	带有偏振片的显微镜被用于地质学研究
	约瑟夫·莱迪在新泽西采石场主持挖掘了鸭嘴龙化石,随后确认了这种恐龙是双脚着地的动物
1859 年	查尔斯·达尔文发表《物种起源》
	埃德文·德雷克在宾夕法尼亚州成功打下了第一口现代油井并开采到石油,拉开了石油工业的序幕
1860 年	在牛津大学的学术会议上,理查德·欧文和托马斯·赫胥黎围绕着《物种起源》及古生物学等话题展开了激烈的辩论
1863 年	美国南北战争的葛底斯堡战役打响,这场战役后,现代军事地质学出现
1864 年	开尔文勋爵公开质疑均变论,并从热力学角度计算了地球的年龄,导致了地质学发展史上最大的一场学术危机
1869 年	约翰·鲍威尔率队考察了绿河流域和科罗拉多河,发现了科罗拉多大峡谷
	约翰·缪尔进入约塞米蒂山谷,开启了他的环保生涯,后来被誉为"国家公园之父"
1871 年	费迪南·海登的团队考察了黄石高原,并支持创建保护区
1872 年—1876 年	查尔斯·汤姆森指挥的"挑战者"号完成了全球远洋科考计划,采集了大量的海洋科学数据
1873 年	"犹因他兽"事件,标志着奥思尼尔·马什与爱德华·柯普之间的"龙骨战争"闹剧正式上演
1882 年	约翰·戴维森·洛克菲勒建立了标准石油信托基金
1888 年	约翰·鲍威尔正式开创了地貌学
1891 年	美国俄亥俄州的一个湖里建设了世界第一座水上采油平台
1896 年	亨利·贝克勒尔发现放射性现象
1899 年	托马斯·克劳德尔·张柏林首次提出大气中二氧化碳浓度会导致气候变化
1901 年	安东尼·卢卡斯在得克萨斯州发现了第一个超级油田
1903 年	乔治·达尔文和约翰·乔利提出放射性元素是地球热量的部分来源,化解了开尔文勋爵提出的关于地球年龄的质疑
	欧内斯特·卢瑟福和弗雷德里克·索迪提出了放射性衰变链的概念
1907 年	安德里亚·莫霍诺维奇利用地震波确定了地壳和地幔的界限
	贝特拉姆·博特伍德提出了铀铅测年法

1909 年	艾尔弗雷德·哈克将火成岩归类为"镁铁质"和"长英质"
1911 年	亚瑟·霍尔姆斯率先使用铀铅测年法研究地层的年代,开启了地球年代学领域
1913 年—1914 年	贝诺·古登堡利用地震波发现了地核与地幔的交界面
1914 年—1919 年	第一次世界大战期间,军事地质学获得了重视
1915 年	阿尔弗雷德·魏格纳提出了大陆漂移假说,但未被广泛认可
1920 年	米卢丁·米兰科维奇提出地球轨道变化会对气候产生影响,这是他在一战期间被奥匈帝国拘禁时的科研成果,后来被进一步整理为"米兰科维奇旋回"理论
1921 年	约翰·克拉伦斯·卡彻尔在俄克拉何马城附近主持了第一次地震层析成像技术实验,为石油勘探提供了新的工具
1926 年	哈诺德·杰弗里斯认定地球有一个液态的外核
1927 年	康拉德·斯伦贝谢完成了最早的电缆测井工程,为探索地底深处的地质条件开创了新方法
1928 年	诺尔曼·鲍文总结了鲍氏反应序列
1935 年	查尔斯·里特尔提出了里氏震级
1936 年	英奇·雷曼通过研究地震P波的阴影范围,提出地球有一个固态的内核
1937 年	阿尔弗雷德·尼尔改进了质谱仪,让同位素测年的精度提升
1939 年—1945 年	第二次世界大战期间,军事地质学得到进一步发展
1946 年	哈罗德·尤里提出可以用海洋微生物化石中的氧同位素含量变化来反映地球温度的变化
	雷吉纳·达利提出了关于月球形成的"大碰撞假说"
1947 年	比约尔·库伦伯格发明了活塞取芯管,可以从海底抽取更长的泥芯
1948 年	普雷斯顿·克劳德发现了寒武纪生命大爆发
1949 年	维克托·胡戈·贝尼奥夫通过研究深层地震,发现了俯冲带
1953 年	玛丽·撒普和布鲁斯·希普发现了大洋中脊
1955 年	切萨雷·埃米利亚尼利用有孔虫化石中的氧同位素含量,重建了海洋温度的变化过程
	克莱尔·帕特森利用铀铅测年法和天文学知识,推测出地球的年龄为 46 亿岁
1962 年	哈里·哈蒙德·赫斯发表《海盆的历史》,正式提出了海底扩张论
1963 年	弗莱德·韦恩等人发现并解释了海底磁条带,是海底扩张论的关键证据
	图佐·威尔逊提出了地幔热柱理论
1968 年	格扎维埃·勒皮雄提出了构造板块的概念,并把岩石圈初步划分为六大板块
1972 年	詹姆斯·洛夫洛克提出了"盖亚假说",即包括生物圈在内的地球表面构成了一个能自我调节的整体
1974 年	约翰·奥斯特罗姆发表论文,阐释了"鸟类是恐龙后裔"的观点,开启了"恐龙文艺复兴"
	图佐·威尔逊提出了威尔逊旋回模型,揭示海陆的演化
1980 年	路易斯·阿尔瓦雷斯及其子沃尔特·阿尔瓦雷斯一同提出了关于恐龙灭绝的"陨石撞击理论"
1982 年	杰克·塞普科斯基和戴维·劳普对海洋无脊椎动物化石记录进行了统计分析,发现了进化史上的五次大灭绝事件
1984 年	侯先光在中国云南发现了寒武纪的澄江化石群

1987 年	华莱士·布勒克完善了"全球海水传送带"模型,即全球海洋的温盐循环
1995 年	中国辽宁热河地层组中发现了孔子鸟化石
	中国辽宁发现中华龙鸟化石,显示了部分恐龙有羽毛

附录 3:参考资料

- Kieran D. O'Hara. A Brief History of Geology [M]. London: Cambridge University Press, 2018.
- Cherry Lewis. The Dating Game - One Man's Search for the Age of the Earth [M] . London: Cambridge University Press, 2000.
- Renee M. Clary, Wolf Mayer. History of Geoscience - Celebrating 50 Years of INHIGEO [M]. London: Geological Society of London, 2017.
- Slavko Maksimovic. Milutin Milankovich - A Traveler Through Distant Worlds and Times [M]. Belgrade: Udruženje Milutin Milankovic (Association of Milutin Milankovich, 2016.
- Frank Dawson Adams. The Birth and Development of the Geological Sciences [M]. Dover: Dover Publications, 1954.
- Stephen Jay Gould. Time's Arrow, Time's Cycle - Myth and Metaphor in the Discovery of Geological Time [M]. Boston: Harvard University Press, 1988.
- David Roger Oldroyd. The Earth Inside and Out - Some Major Contributions to Geology in the Twentieth Century [M]. London: Geological Society of London, 2002.
- Jose Luis Sanz. Starring T. Rex! - Dinosaur Mythology and Popular Culture [M]. Bloomington: Indiana University Press, 2002.
- Edward P. F. Rose, Judy Ehlen, Ursula Lawrence. Military Aspects of Geology - Fortification, Excavation and Terrain Evaluation [M]. London: Geological Society of London, 2019.
- Daniel Merriman, Mary Sears. Oceanography: The Past [M]. New York: Springer New York, 2012.
- Drielli Peyerl, Gregory A. Good, Silvia Fernanda Figueirôa. History, Exploration & Exploitation of Oil and Gas [M]. Berlin: Springer International Publishing, 2019 .
- Stephen Baxter. Revolutions in the Earth - James Hutton and the True Age of the World [M]. Phoenix City: Phoenix, 2004.
- Stephen Baxter. Ages in Chaos - James Hutton and the Discovery of Deep Time [M]. New York: Tom Doherty Associates, 2006.
- Naomi Oreskes. Plate Tectonics - An Insider's History of the Modern Theory of the Earth [M]. Boca Raton: CRC Press, 2018.
- W. Jacquelyne Kious, Robert I. Tilling. This Dynamic Earth - the Story of Plate Tectonics [M]. Reston: USGS, 1996.
- Nick Eyles, Tuzo - the Unlikely Revolutionary of Plate Tectonics [M].Toronto: University of Toronto Press, 2022.
- James Cassidy. Ferdinand V. Hayden - Entrepreneur of Science [M]. Lincoln: University of Nebraska Press, 2000.
- Wallace Stegner. Beyond the Hundredth Meridian - John Wesley Powell and the Second Opening of the Wes [M]. London: Penguin Publishing Group, 1992.
- Charles H. Langmuir, Wallace Broecker. How to Build a Habitable Planet [M]. Princeton: Princeton University Press, 2012.
- Stephen Jay Gould. The Flamingo's Smile - Reflections in Natural History [M]. New York: Norton, 1985.
- Joe Burchfield. Lord Kelvin and the Age of the Earth [M]. Chicago: University of Chicago Press, 1990.

附录 4：科学家及其著作中外文对照表

*按中文名首字拼音排序

中文人名	外文人名	著作（中文）	著作（外文）
阿尔弗雷德·魏格纳	Alfred Wegener	《大陆与大洋的起源》	The Origin of Continents and Oceans
奥尔格·阿格里科拉	Georgius Agricola	《冶金论》	De Re Metallica
查尔斯·莱伊尔	Charles Lyell	《地质学原理》	Principles of Geology
笛卡尔	René Descartes	《哲学原理》	Principles of Philosophy
哈里·哈蒙德·赫斯	Harry Hammond Hess	《海盆的历史》	History of the Ocean Basins
哈齐尼	Al-Khazini	《智慧平衡之书》	The Book of the Scales of Wisdom
吉迪恩·曼特尔	Gideon Mantell	《南方的化石》	The Fossils of the South Downs
老普林尼	Gaius Plinius	《博物志》	Historia Naturalis
路易·阿加西	Louis Agassiz	《冰川研究》	Études Sur Les Glaciers
罗伯特·巴克尔	Robert Bakker	《恐龙文艺复兴》	Dinosaur Renaissance
马修·方丹·莫里	Matthew Fontaine Maury	《海洋自然地理学》	The Physical Geography of the Sea
米卢丁·米兰科维奇	Milutin Milankovitch	《地球的日照和冰川期问题》	Canon of Insolation and the Ice Ages Problem
皮埃尔·佩罗	Pierre Perrault	《泉水之源》	De L'origine Des Fontaines
切萨雷·埃米利亚尼	Cesare Emiliani	《更新世温度》	Pleistocene Temperatures
斯蒂芬·霍金	Stephen Hawking	《时间简史》	A Brief History of Time
威廉·吉尔伯特	William Gilbert	《论磁石》	De Magnete
希波克拉底	Hippocrates	《论风、水和地方》	On Airs, Waters, and Places
辛普森	George Simpson	《进化的意义》	The Meaning of Evolution
亚里士多德	Aristotle	《气象学》	Meteorolosis
亚瑟·霍姆斯	Arthur Holmes	《地球的年龄》	The Ages of the Earth
约西亚·惠特尼	Josiah Whitney	《美国的金属财富》	The Metallic Wealth of the United States
詹姆斯·赫顿	James Hutton	《地球的理论》	Theory of the Earth